21世纪高等学校计算机规划教材

21st Century University Planned Textbooks of Computer Science

Web技术教程

Web Technology Tutorial

韩京宇 主编
李莉 张怡婷 陈志 编著

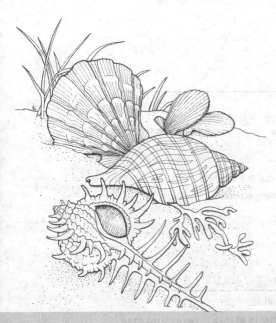

高校系列

人民邮电出版社
北京

图书在版编目（CIP）数据

Web技术教程 / 韩京宇主编；李莉，张怡婷，陈志编著. -- 北京：人民邮电出版社，2014.12
21世纪高等学校计算机规划教材. 高校系列
ISBN 978-7-115-37698-5

Ⅰ. ①W… Ⅱ. ①韩… ②李… ③张… ④陈… Ⅲ. ①网页制作工具－程序设计－高等学校－教材 Ⅳ. ①TP393.092

中国版本图书馆CIP数据核字(2014)第282029号

内 容 提 要

本书分 11 章，第 1 章介绍了 Web 编程涉及的基本技术，概览全局；第 2 章至第 5 章介绍了客户端（浏览器）编程的基本语言和技术，包括 HTML、XML、JavaScript 等；第 6 章至第 7 章聚焦于 Web 服务器编程的主流语言 PHP，由浅入深地介绍了 PHP 编程的基本技术和深入编程；第 8 章介绍了 Web 服务器如何用 PHP 连接后台的 MySQL 数据库，实现数据存储和检索。为了便于读者直接上手编程，本书用最后三章内容介绍具体实战技术：第 9 章介绍 Web 服务器（重点是 LAMPServer）环境配置，并给出客户端编程实例；第 10 章给出 Web 服务器端 PHP 编程的配置和具体实例；第 11 章给出 MySQL 数据库的配置和具体编程实例。

本书选用开源软件平台，突出重点地介绍稳定且大众化的 Web 编程技术。技术讲解和编程实例密切结合，便于读者自学，从而使其掌握实用的 Web 网站开发和配置技术。

本书既可作为本、专科教材，也可以供从事计算机和软件工作的工程和技术人员参阅。

- ◆ 主　编　韩京宇
  　编　著　李　莉　张怡婷　陈　志
  　责任编辑　武恩玉
  　责任印制　沈　蓉　彭志环
- ◆ 人民邮电出版社出版发行　北京市丰台区成寿寺路 11 号
  邮编　100164　电子邮件　315@ptpress.com.cn
  网址　http://www.ptpress.com.cn
  北京市昌平百善印刷厂印刷
- ◆ 开本：787×1092　1/16
  印张：12.5　　　　　　2014 年 12 月第 1 版
  字数：326 千字　　　　2014 年 12 月北京第 1 次印刷

定价：29.80 元

读者服务热线：(010) 81055256　印装质量热线：(010) 81055316
反盗版热线：(010) 81055315

前言

　　Web 编程是计算机和软件类专业的必备技能。本书围绕 Web 网站开发，突出重点地介绍了客户端编程技术、服务器端的 PHP 技术和 Web 服务器对 MySQL 数据库的访问等核心内容，并佐以完整编程实例。本书内容精简，既有知识点分析也有实战实例，在帮助读者理清 Web 技术脉络的基础上，轻松掌握 Web 网站开发技术。

　　第 1 章介绍 Web 编程涉及的基本技术，概览全局。随后的章节分成两部分：第一部分（第 2 章至第 8 章）是技术介绍篇。第 2 章至第 5 章介绍了客户端（浏览器）编程的主流语言和技术，主要包括 HTML、XML、JavaScript 等；第 6 章至第 7 章深入浅出地介绍了 Web 服务器端编程的 PHP 编程技术；第 8 章介绍了数据库服务器 MySQL，以及如何用 PHP 访问 MySQL，实现数据存储和检索。第二部分（第 9 章至第 11 章）是实践篇，具体翔实地给出了若干完整的 Web 编程实例，引导读者快速上手编程。第 9 章具体介绍了 Web 服务器配置并给出客户端编程实例；第 10 章给出了 Web 服务器端 PHP 编程的配置和具体实例；第 11 章给出了 MySQL 数据库的具体配置和编程实例。在实际使用中，建议读者将第 1 章至第 8 章作为理论课内容，第 9 章至第 11 章作为实验课内容，也可交叉讲解使用。

　　本书由韩京宇担任主编，全书内容由韩京宇编写、修改和定稿；李莉参与了部分章节校订和 PPT 制作；张怡婷、陈志参与部分章节的校订工作。另外，研究生陈学平、张瑜、陶真伟、吴昊、卢煜、李岳昌、武高敏等参与了部分文字编辑，在此一并表示感谢。

　　本书在编写过程中得到了南京邮电大学计算机学院领导和同仁的大力支持，在此一并表示感谢。由于水平和精力有限，书中难免有疏漏之处，欢迎批评指正，如有建议请发至 hjymail@163.com。

编者

2014 年 11 月

目 录

第 1 章 Web 编程技术基础 1
1.1 互联网简介 1
- 1.1.1 TCP/IP 协议簇 1
- 1.1.2 互联网地址 2
- 1.1.3 域名和域名服务器 2
- 1.1.4 常见的互联网服务 3
1.2 万维网 4
- 1.2.1 Web 浏览器 4
- 1.2.2 Web 服务器 5
- 1.2.3 统一资源定位器 5
- 1.2.4 超文本传输协议 6
1.3 Web 编程技术概览 11
- 1.3.1 HTML 11
- 1.3.2 DHTML 12
- 1.3.3 XML 13
- 1.3.4 JavaScript 14
- 1.3.5 PHP 14
- 1.3.6 JSP 15
思考和练习题 15

第 2 章 DHTML 16
2.1 HTML 基本语法 16
- 2.1.1 基本的文本标记 17
- 2.1.2 meta 元素 23
- 2.1.3 图片 23
- 2.1.4 超链接 24
- 2.1.5 列表 27
- 2.1.6 表格 30
- 2.1.7 表单 36
2.2 层叠样式表简介 44
- 2.2.1 样式表分类 44
- 2.2.2 样式表的规则 46
- 2.2.3 样式表中的属性 47

思考和练习题 50

第 3 章 XML 简介 51
3.1 XML 文档的组成 51
3.2 标签和字符数据 51
- 3.2.1 注释 52
- 3.2.2 实体引用 53
- 3.2.3 CDATA 53
- 3.2.4 标签 54
- 3.2.5 属性 55
3.3 独立文档中结构完整的 XML 55
3.4 文档类型定义 58
- 3.4.1 文档类型声明 58
- 3.4.2 根据 DTD 的合法性检验 59
- 3.4.3 元素声明 60
- 3.4.4 DTD 中的注释 66
思考和练习题 66

第 4 章 JavaScript 基础 67
4.1 JavaScript 的特点 67
- 4.1.1 语言的优越性 68
- 4.1.2 JavaScript 和 Java 的区别 68
4.2 基本数据类型 69
- 4.2.1 基本数据类型 69
- 4.2.2 常量 69
- 4.2.3 变量 70
- 4.2.4 typeof 操作符 71
- 4.2.5 隐式类型转换 71
- 4.2.6 显式类型转换 71
4.3 表达式和运算符 72
- 4.3.1 算术运算符 72
- 4.3.2 比较运算符 73
- 4.3.3 逻辑运算符 74
- 4.3.4 条件运算符 74

4.4	程序控制流程	74
4.5	函数	76
4.6	创建和修改对象	76
4.6.1	Math 对象	77
4.6.2	Number 对象	78
4.6.3	String 对象的属性和方法	78
4.6.4	Date 对象	79
4.6.5	屏幕输出和键盘输入	79
4.7	数组	81
4.7.1	创建 Array 对象	81
4.7.2	Array 对象的特征	81
4.7.3	Array 方法	82
4.8	事件驱动及事件处理	83
4.8.1	基本概念	83
4.8.2	事件处理程序	84
4.8.3	事件驱动	84
思考和练习题		86

第 5 章 HTML 与 JavaScript — 87

5.1	JavaScript 的执行环境	87
5.2	文档对象模型	87
5.3	在 JavaScript 中访问元素	89
5.4	事件与事件处理	91
5.4.1	事件处理的基本概念	91
5.4.2	事件、特性和标签	91
5.4.3	处理主体元素的事件	93
5.4.4	处理按钮元素的事件	94
5.4.5	文本框和密码框元素的事件	97
5.5	navigator 对象	103
思考和练习题		103

第 6 章 PHP 服务器编程 — 105

6.1	PHP 基本语法	105
6.1.1	PHP 脚本标志	105
6.1.2	PHP 注释	106
6.1.3	变量命名规则	106
6.2	基本数据类型和相关操作	106
6.2.1	PHP 中的变量	106
6.2.2	变量的操作	108
6.3	PHP 中的数组	110

6.3.1	数组类型	110
6.3.2	数组处理	112
6.4	PHP 中的控制结构	114
6.4.1	条件语句	114
6.4.2	switch 语句	116
6.4.3	循环语句	117
6.5	函数	118
6.5.1	创建 PHP 函数	119
6.5.2	添加参数	119
6.5.3	PHP 函数返回值	120
6.5.4	常见内置函数	120
6.6	表单处理	122
6.7	文件处理	126
6.7.1	打开文件	126
6.7.2	关闭文件	126
6.7.3	检测是否到达文件末尾	127
6.7.4	逐行读取文件	127
6.7.5	逐字符读取文件	127
6.8	代码片段嵌套	127
6.9	Cookie	128
6.9.1	创建 cookie	129
6.9.2	取回 cookie 的值	129
6.9.3	删除 cookie	130
6.10	错误处理	130
6.11	异常	130
6.11.1	异常的基本使用	131
6.11.2	创建一个自定义的 Exception 类	132
思考和练习题		133

第 7 章 PHP 深度编程 — 134

7.1	会话处理	134
7.1.1	会话处理函数用法	135
7.1.2	会话例子演示	136
7.2	PHP 发送电子邮件	137
7.3	PHP 过滤处理	138
7.3.1	函数和过滤器	138
7.3.2	选项和标志	139
7.3.3	简单验证输入和过滤的例子	139
7.3.4	过滤多个输入例子	140

7.4 XML 处理 ……………………………… 141
　7.4.1 基于事件的解析器 ……………… 142
　7.4.2 基于树的 XML 解析器 ………… 143
思考和练习题 …………………………… 144

第 8 章　数据库访问 …………………… 145

8.1 关系数据库理论 ……………………… 145
8.2 SQL 简介 ……………………………… 146
　8.2.1 CREATE TABLE 命令 …………… 147
　8.2.2 INSERT 命令 ……………………… 147
　8.2.3 SELECT 命令 ……………………… 147
　8.2.4 UPDATE 命令 …………………… 148
　8.2.5 DELETE 命令 …………………… 148
　8.2.6 DROP 命令 ……………………… 148
　8.2.7 连接 ……………………………… 148
8.3 数据库访问的体系结构 ……………… 149
　8.3.1 三层的客户——服务器体系
　　　　结构 ……………………………… 149
　8.3.2 Microsoft Access 体系结构 …… 149
　8.3.3 PHP 和数据库访问 ……………… 149
　8.3.4 Java JDBC 体系结构 …………… 149
8.4 MySQL 数据库系统 ………………… 150
　8.4.1 启动 MySQL 服务器 …………… 150
　8.4.2 退出 MySQL …………………… 150
　8.4.3 服务器上存在什么数据库 ……… 150
　8.4.4 创建一个数据库 ………………… 150
　8.4.5 选择所创建的数据库 …………… 150
　8.4.6 创建一个数据库表 ……………… 151
　8.4.7 显示表的结构 …………………… 151
　8.4.8 查询所有数据 …………………… 151
　8.4.9 修正错误记录 …………………… 151
　8.4.10 选择特定行 …………………… 152
　8.4.11 多表操作 ……………………… 152
　8.4.12 增加一列 ……………………… 153
　8.4.13 修改记录 ……………………… 153
　8.4.14 增加记录 ……………………… 153
　8.4.15 删除记录 ……………………… 154
　8.4.16 删除表 ………………………… 154
　8.4.17 数据库的删除 ………………… 154
　8.4.18 用批处理方式使用 MySQL … 154

8.5 PHP 访问 MySQL 数据库 ………… 155
　8.5.1 连接 MySQL 并选择数据库 … 155
　8.5.2 对 MySQL 中表数据的操作 … 155
　8.5.3 PHP/MYSQL 示例 ……………… 156
思考和练习题 …………………………… 158

第 9 章　客户端编程实践 …………… 159

9.1 Linux 环境下的 LAMP 安装和配置 … 159
　9.1.1 LAMP 的安装过程 ……………… 159
　9.1.2 LAMP 配置要点 ………………… 160
9.2 Windows 环境下的 WAMP 安装
　　和配置 ………………………………… 161
　9.2.1 WAMP 安装和配置 ……………… 161
　9.2.2 访问权限配置 …………………… 162
9.3 客户端编程实践 ……………………… 163
　9.3.1 个人主页编程实例 ……………… 163
　9.3.2 计算方程根编程示例 …………… 167
思考和练习题 …………………………… 168

第 10 章　WAMP 服务器编程
　　　　　实践 …………………………… 170

10.1 WAMP 中 PHP 的相关配置 ……… 170
10.2 图书售卖系统示例 ………………… 171
10.3 幂的计算示例 ……………………… 177
思考和练习题 …………………………… 179

第 11 章　Web 数据库访问编程
　　　　　实践 …………………………… 180

11.1 WAMP 中 MySQL 的相关配置 …… 180
11.2 在 PHP 中访问 MySQL 的要点 … 182
　11.2.1 数据库和表的创建 …………… 182
　11.2.2 把表单数据插入数据库 ……… 183
　11.2.3 从数据库表中选取数据 ……… 184
　11.2.4 在 HTML 表格中显示表的
　　　　 内容 …………………………… 184
　11.2.5 乱码解决方法 ………………… 185
11.3 基于 MySQL 的图书售卖系统 …… 185
思考和练习题 …………………………… 192

参考文献 ……………………………… 193

第 1 章
Web 编程技术基础

学习要点
（1）互联网的基本知识
（2）WWW 的基本知识
（3）Web 编程技术概览

互联网（Internet）和万维网（World Wide Web，WWW）是信息社会的基础技术。Web 编程涉及信息技术的方方面面，是促进信息沟通和交流的基础。本章从互联网基础、WWW 基础和 Web 编程技术概览 3 个方面进行介绍。

1.1 互联网简介

互联网是国际互联网（Internetwork，Internet）的简称。它始于 1969 年 11 月 21 日美国的阿帕网（ARPAnet），是美国高级计划研究署（Advanced Research Project Agency，ARPA）构建的世界上第一个分组交换网。20 世纪 70 年代至 80 年代，世界上的大多数国家都建立了自己的广域网。到 20 世纪 90 年代，国家级的广域网都连接到 Internet 上，形成世界上规模最大的广域网，这就是我们当前通俗意义上的国际互联网，在 Internet 上人们能够进行实时联接与信息资源共享，利用 Internet 构建成全球最大的信息超市。

1.1.1 TCP/IP 协议簇

为了使互联网上不同的计算机系统之间相互识别，进行有效的通信，计算机科学家定义了计算机间进行通信的标准，其核心技术就是 TCP/IP。它实质上是一组协议簇，如图 1-1 所示。在这组协议簇中，对从下至上的网络接口层、互联网层、传输层和应用层进行了规定，从而利用协议来完成两台计算机之间的信息传送。当用户开始第一次信息传输时，应用层的请求传递到传输层，传输层在每个信息包中附加一个头部，并把它传递给互联网层。在互联网层中，加入了源和目的 IP 地址，用于路由选择。接下来，网络接口层负责数据格式化以及将数据传输到网络电缆。当数据到达目的地后，执行相反的过程，数据从网络接口层上传至应用层。

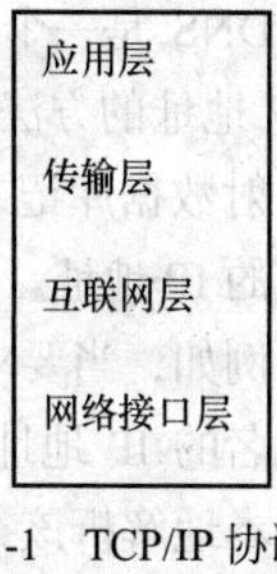

TCP/IP 协议簇的核心是互联网层的互联协议（IP）和传输层的传输控制协议（TCP）。互联网层（Internet layer）的互联协议（Internet

| 应用层 |
| 传输层 |
| 互联网层 |
| 网络接口层 |

图 1-1 TCP/IP 协议簇

Protocol，IP）定义正式的分组格式和协议。该层负责将需要传输的数据分割成许多数据包，并将这些数据包发往目的地。每个数据包包含要传输的信息和目的地址等重要信息，但该层不检查数据是否被正确接收。网络层的传输控制协议（Transmission Control Protocol，TCP），提供传输层服务，负责管理数据包的传递过程，并有效地保证数据传输的正确性。

1.1.2 互联网地址

为了方便区别网络上不同的计算机（称为主机），采用一组数字来标志网络中唯一的一台计算机，即 IP 地址。每个计算机必须有一个 IP 地址才能连接到因特网，每个 IP 包必须有一个 IP 地址才能发送到另外一台主机。传统的 IP 地址（IPv4）是一个 32 位的数字，分成 4 个组，每组 8 个位，介于十进制的 0～255。组和组之间用实心的句号分割。这四组数字可以为 Internet 中的路由器识别，从而保证一个数据包能够到达正确的目的地。

一般 IP 地址成群地分配给某个组织，如对于一个小的组织分配 191.221.37.0 到 191.221.37.225 的 256 个 IP 地址。而对一个大的组织如美国国防部，分配从 12.0.0.0 到 12.255.255.255 等上千万个 IP 地址。随着网络节点数目的飞速增长，原来的 32 位的 IPv4 地址已经不能满足需求，1998 年 128 位的 IPv6 诞生，目前 IPv6 尚处于部署阶段。

1.1.3 域名和域名服务器

为了方便人们记住网络中的节点，各个节点的名字对应一个域名，域名和 IP 地址是一一对应的。早期的 ARPAnet 网的域名非常简单，只有一个段。但是，随着主机数目的剧增，人们采用的域名由几个段构成。这样，每个域名中的每个段名为一个子域，各个子域中间用实心点分开，前面的域是后面的域的一部分，位于域名的最后一个子段是最高级子域也称为一级域。在美国，主机一级域中 edu 代表教育机构，com 代表商业机构，gov 代表政府机构，org 代表其他机构。美国以外的其他国家或地区用该国（地区）的简称作为最后的一级域，如中国用 cn，日本用 jp。举例如下：

cs.njupt.edu.cn

这里 cs 是主机名，njupt 是南京邮电大学对应的域，属于 edu 域，edu 域进一步属于 cn 域。

由于在 Internet 上真实地在辨识机器的还是 IP 地址，所以当使用者输入域名后，浏览器必须要先去一台有域名和 IP 对应资料的主机去查询这台电脑的 IP 地址，而这台被查寻的主机，我们称它为域名服务器（Domain Name Server，DNS）。例如，当你输入 www.sina.com.cn 时，浏览器会将 www.sina.com.cn 这个名字传送到离它最近的域名服务去辨识，如果找到，则会传回这台主机的 IP，进而向它索取资料；但如果没查到，就会发生类似 DNS NOT FOUND 的情形，所以一旦域名服务器关机，就像是路标完全被毁坏，没有人知道该把资料送到哪里。简而言之，域名服务器不仅负责将域名翻译成对应的 IP 地址，同时负责对新域名的更新。

DNS 是一个分布式数据库系统，它提供将域名转换成对应 IP 地址的信息。这种将名称转换成 IP 地址的方法称为域名解析。一般来说，每个组织都有其自己的 DNS 服务器，并维护域的名称映射数据库记录或资源记录。当请求域名解析时，DNS 服务器先在自己的记录中检查是否有对应的 IP 地址。如果未找到，它就会向其他 DNS 服务器询问该信息。

例如，当要求 Web 浏览器访问 "msdn.microsoft.com" 站点时，它就会通过以下步骤来解析该域名的 IP 地址：（1）Web 浏览器调用 DNS 客户端（称为解析器），并使用上次查询缓存的信息在本地解析该查询；（2）如果在本地无法解析查询，客户端就会向已知的 DNS 服务器询问答案。如果该 DNS 服务器曾经在特定的时间段内处理过相同的域名（"msdn.microsoft.com"）请求，它就会在缓存中检索相应的 IP 地址，并将它返回给客户端；（3）如果该 DNS 服务器找不到相应的地址，客户端就会向某个全局根 DNS 服务器询问，后者返回顶级域权威 DNS 服务器的指针。在这种情况下，"com" 域权威服务器的 IP 地址将返回给客户端。

为了查看一个域名对应的 IP 地址，可以用 telnet 命令测试 http 连接：

```
telnet www.sina.com.cn http
```

得到如下响应：

```
Trying 202.102.75.164…
Trying 202.102.75.162…
Trying 202.102.75.169…
Trying 202.102.75.163…
Trying 202.102.75.167…
```

1.1.4 常见的互联网服务

1. 万维网（World Wide Web，WWW）

万维网经常简称为 Web，它分为 Web 客户端和 Web 服务器程序。WWW 可以让 Web 客户端（常用浏览器）访问 Web 服务器上的页面。WWW 可提供丰富的文本、图形、音频、视频等多媒体信息，并将这些内容集合在一起，同时还提供导航功能，使得用户可以方便地在各个页面之间进行切换。由于 WWW 内容丰富、浏览方便，目前已经成为互联网最重要的服务。

2. 文件传输（File Transfer Protocol，FTP）

FTP 是 TCP/IP 网络上两台计算机传送文件的协议。尽管 WWW 已经替代了 FTP 的大多数功能，FTP 仍然是通过 Internet 把文件从客户机复制到服务器上的一种途径。FTP 客户机可以给服务器发出命令来下载文件、上传文件、创建或改变服务器上的目录。最初 FTP 软件多是命令行操作，后来有了像 CUTEFTP 这样的图形界面软件，使用 FTP 传输就变得方便、易学。由于 FTP 协议的传输速度比较快，在制作如"软件下载"这类网站时喜欢用 FTP 来实现，同时这种服务面向大众，不需要身份认证，即"匿名 FTP 服务器"。

3. Telnet

Telnet 协议是 TCP/IP 协议簇中的一员，是 Internet 上远程登录服务的标准协议。它为用户提供了在本地计算机上操作远程主机工作的能力。在终端使用者的计算机上使用 telnet 程序即可连接到远程服务器。终端使用者可以在 telnet 程序中输入命令，这些命令会在服务器上运行，就像直接在服务器的控制台上输入一样。Telnet 是常用的远程控制 Web 服务器的方法。

4. 电子邮件

电子邮件（Electronic mail，E-mail），是一种用电子手段提供信息交换的通信方式，是互联网应用最广的服务。通过网络的电子邮件系统，用户可以以非常低廉的价格（不管发送到哪里，都只需负担网费）、非常快速的方式（几秒钟之内可以发送到世界上任何指定的目的地），与世界上任何一个角落的网络用户联系。

电子邮件地址的格式由三部分组成：USER、@和域名。第一部分"USER"代表用户信箱的账号，对于同一个邮件接收服务器来说，这个账号必须是唯一的；第二部分"@"是分隔符；第三部分是用户信箱的邮件接收服务器域名，用以标志其所在的位置。当用户发送电子邮件时，这封邮件是由邮件发送服务器（任何一个都可以）发出，并根据收信人的地址判断对方的邮件接收服务器而将这封信发送到该服务器上，收信人要收取邮件也只能访问这个服务器才能完成。

1.2 万维网

万维网（World Wide Web，WWW）的目的是访问遍布在因特网上的链接文件。万维网起源于 1989 年的欧洲粒子物理研究所，这里有几台加速器分布在若干个大型科学家队伍里。这些研究人员需要经常收集和共享时刻变化的报告、蓝图、绘制图和其他文献，万维网正是基于这种需求而诞生的。1989 年，为了设计一个供同事们交换资料的线上工作空间，伯纳斯·李提出了一个称为"World Wide Web"的全球超文本项目计划，目的是能够将各自的信息通过超文本传输实现网络共享。一年后，伯纳斯·李开发出架构起全球信息网的三大基本技术：http（hypertext transfer protocol，超文本传输协议——计算机与服务器之间的沟通语言）、html（hypertext markup language，超文本描述语言——全球通用的文件格式），以及 URL（uniform resource locator，统一资源定位符——文件位置的标示系统）。其核心思想是在文本中嵌入链接到其他文档的链接，从而方便地实现从文档到文档的检索访问。整个 Web 可以看作是一个链接文档的集合。其中，浏览器负责对 Web 文档的访问，服务器负责提供 Web 文档。1991 年的新年刚过，伯纳斯·李便把自己开发的全球信息网放到互联网上，从而风靡世界的 WWW 诞生了。

在万维网环境下，浏览器/服务器模式（browser/server，BS）结构的计算模式应运而生。B/S 结构通常是一种三层架构的计算模式。第一层是 Web 浏览器，不存放任何应用程序，其运行代码可以从位于第二层的 Web 服务器下载到本地的浏览器中执行，几乎不需要任何管理工作。第二层是 Web 服务器层，由一台或多台服务器组成，处理应用中的所有业务逻辑，包括对数据库的访问等工作，该层具有良好的可扩充性。第三层是数据中心层，主要由数据库系统组成，负责提供应用服务器涉及的数据管理任务。万维网的 B/S 服务模式如图 1-2 所示。

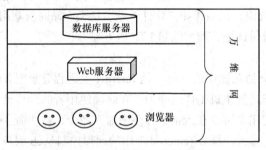

图 1-2 万维网的 B/S 服务模式

B/S 模式与传统的客户端/服务器（Client/Server，C/S）模式相比具有以下优越性：（1）具有良好的开放性，利用单一的访问点，用户可以在任何地点使用系统；（2）用户可以跨平台以相同的浏览器界面访问系统；（3）因为在客户端只需要安装浏览器，取消了客户端的维护工作，有效地降低了整个系统的运行和维护成本。

1.2.1 Web 浏览器

在万维网上，用户通过浏览器发起对文档的访问。最初的浏览器是基于文本的，它用命令行的方式启动，并且只能显示文本信息，不能显示图形界面信息。1993 年第一个图形界面的浏览器 Mosaic 诞生在伊利诺斯大学的美国超级计算中心，也就是后来的大名鼎鼎 Netscape 浏览器的前身。最初的 Mosaic 安装在 UNIX 的 X 窗口上运行。后来很快开发出了基于 Macintosh 和 Windows 操作系统的版本，这极大地促进了 Web 的普及，人们可以以方便地跨平台访问。目前人们常用的浏览器主要包括 Internet Explorer（IE）和 Safari，Firefox 等。

Web 浏览器是 Web 上的客户端，它负责发起一个与指定 Web 服务器的通信，Web 服务器一直在等待接收客户端发来的各种请求。浏览器和 Web 服务器间的通信分成三种常见的情况。

（1）浏览器请求一个静态的文档，服务器定位到该文档，然后返回该文档给浏览器。

（2）服务器返回一个需要用户输入的页面，用户在浏览器输入后，返回给服务器端。服务器进行一些基本计算，将最终结果返回给浏览器显示。

（3）浏览器直接要求在服务器端执行某个可执行程序，程序的执行结果通过网络返回给浏览器。

在浏览器和服务器间进行传输的最常用的协议是超文本传输协议（HTTP）。这个协议规定了浏览器和服务器端的数据传输方式。

1.2.2　Web 服务器

每个 Web 服务器都在默认监听 80 端口，看是否有从浏览器发送过来的连接。连接建立以后，每当客户端发送一个请求，服务器就产生一个应答。浏览器和服务器间按照以下方式进行交互：

（1）用户在浏览器里输入页面的 URL 地址（俗称网址）。假设 URL 是 http：//www.sina.com.cn。

（2）接受这个输入的 Web 浏览器以 URL 内的域名为基础，向 DNS 服务器询问相应的 IP 地址。如果通过 DNS 找到了 IP 地址，就根据此 IP 地址去访问客户指定的 Web 服务器。Web 服务器接受客户端的请求，把要求的 HTML 文件发送给客户端（这里是一个主页面）。

（3）Web 浏览器解析、显示 HTML 页面信息，用户便可以看到最终的 Web 页面。

在 Web 环境中，可以把 Web 服务器向浏览器提供服务的过程归纳为以下几个步骤。

（1）Web 服务器（也称为 HTTP 服务器）接收到浏览器的请求后，把 URL 转换成页面所在服务器上的文件路径名。

（2）如果 URL 指向的是普通的 HTML 文档（即静态网页，就是说该网页文件里没有特殊程序代码，只有 HTML 标记，这种网页一般以后缀.htm 或.html 的文件存放），Web 服务器直接将它发送给浏览器。如果网页中包含图片、动画、声音等文件的链接地址，这些链接地址实际指向某个文件，则这些文件与网页一样要通过网络传输到浏览器。

（3）如果 URL 指向的是动态网页文件（即网页文件不仅含有 HTML 标记，而且含有 PHP、Java、ASP 等编写的服务器端脚本程序），Web 服务器就先执行网页文件中的服务器端脚本程序，将含有程序代码的动态网页转化为标准的静态网页，然后将静态网页发送给浏览器。Web 服务器运行程序时还可能需要访问后台的数据库服务器。

1.2.3　统一资源定位器

统一资源定位器（Uniform Resource Locator，URL）用于标识因特网上的资源。资源有各种不同的种类，这些资源通过不同的 URL 标识出来。

1. 资源定位器格式

所有 URL 都具有一致的通用格式：

模式：对象地址

在这里"模式"通常指一种网络协议，常用的模式包括 http、https、ftp、telnet、file、mailto 等。不同的模式使用不同形式的对象地址。本书主要关注 HTTP 协议，该协议用于请求和发送超文本标记语言。对于 HTTP 协议来说，URL 其余部分的形式如下：http://域名／文档访问路径和文件名。我们需要关注的另一个模式是 file，使用 file 协议意味着所访问的文档驻留在运行浏览器的机器上。当把 file 看作协议的时候，主机名总是被省略掉，这样 URL 就是变成了如下形式：file://文档的访问路径和文件名。

域名实际对应存放资源的服务器计算机的名称，在主机名后面可以附加一个冒号和端口号。如果加上了冒号和端口号，则表明服务器在利用这个端口进行"侦听"，因为访问请求被直接发送到这里。对于 HTTP 协议来说，Web 服务器侦听 80 号端口。只有当服务器改用其他端口号的时候，才必须在主机名后面附加相应的端口号。例如，默认的 URL 是 http://www.sina.com.cn/index.html。假定在 88 端口监听 HTTP，则应该改写成 http://www.sin.com.cn:88/index.html。

URL 中不能包含空格，特殊字符集中的字符也不能出现在 URL 中，包括分号、冒号和与号（&）。如果要在 URL 中包含空格或不接受的特殊字符，则必须用一个百分号（%）和与该字符对应的两位十六进制 ASCH 码对其进行编码。

2. URL 路径

对于 HTTP 协议来说，文档的访问路径类似于操作系统文件或目录的访问路径，是由一系列目录名和一个文件名组成的，在它们之间用操作系统特定的分隔符进行分隔。对于 UNIX 服务器来说，路径用向前的斜线说明，而对于 Windows 服务器则用向后的斜线说明。绝大多数浏览器允许用户使用不正确的分隔符。

URL 中的路径可以不同于访问一个文件或目录的路径名，因为 URL 中不需要包括访问路径中的所有目录。一个包括了所有目录的访问路径称为"完全路径"（complete path）。在大多数情况下，文档的访问路径与服务器配置文件中所指定的某些基本路径相关，这样的访问路径称为"局部路径"（Partial path）。例如，如果在服务器的配置文件中指定了文件的根目录是 root/sub，那么下面的 URL 地址 http://www.cs.njupt.edu.cn/root/sub/index.html 就可以写成 http://www.sci.njupt.edu.cn/index.html。如果所指定的文档是一个目录而不是单个文档，那么要在目录名后面紧跟一个斜线，如 http://www.sci.njupt.edu.cn/bbs/。

现在假设指定了一个目录（包括尾斜线）但是没有给出目录名，如下例所示：http://www.njupt.edu.cn/，那么服务器将在这个存放服务文档的目录的最高层中搜索公认的"主页"（Home Page）文件。按照惯例，通常把这个文件命名为 index.html。在主页中包括了许多链接，用户能通过这些链接找到服务器上提供的其他文件。如果该目录下没有服务器认可的主页文件，将生成一个目录列表返回给浏览器。

1.2.4 超文本传输协议

超文本传输协议（HyperText Transfer Protocol，HTTP）是因特网上应用最为广泛的一种网络传输协议。HTTP 的发展是万维网协会和 Internet 工作小组合作的结果。最著名的成果是 RFC 2616。在 RFC 2616 中定义了 HTTP 1.1 这个今天普遍使用的版本。

HTTP 是一个用于在客户端和服务器间请求和应答的协议。一个 HTTP 的客户端，如一个

Web 浏览器，通过建立一个到远程主机特殊端口（默认端口为 80）的连接，初始化一个请求。一个 HTTP 服务器通过监听特殊端口等待客户端发送一个请求序列。HTTP 协议的主要特点可概括如下。

（1）支持客户/服务器的应答模式。

（2）简单快速：客户向服务器请求服务时，只需传送请求方法和路径。请求方法常用的有 GET、PUT、POST。每种方法规定了客户与服务器联系的不同类型。由于 HTTP 协议简单，使得 HTTP 服务器的程序规模小，因而通信速度很快。

（3）灵活：HTTP 允许传输任意类型的数据对象，正在传输的类型由 Content-Type 加以标记。

（4）无连接：服务器处理完客户的请求，并收到客户的应答后，即断开连接。采用这种方式可以节省传输时间。

（5）无状态：HTTP 协议是无状态协议。无状态是指协议对于事务处理没有记忆能力。缺少状态意味着如果后续处理需要前面的信息，则它必须重传，这样可能导致每次连接传送的数据量增大。另一方面，在服务器不需要先前信息时它的应答就较快。

HTTP 的 URL 是一种特殊类型的统一资源标识符（Uniform Resource Identifier，URI），包含了用于查找某个资源的足够的信息，格式如下：

```
http://host[:port][abs_path]
```

http 表示要通过 HTTP 协议来定位网络资源；host 表示合法的 Internet 主机域名或者 IP 地址；port 指定一个端口号，为空则使用缺省端口 80；abs_path 指定请求资源的 URI；如果 URL 中没有给出 abs_path，那么当它作为请求 URI 时，必须以"/"的形式给出，通常情况下浏览器会自动帮我们完成这个工作。例如，可以输入 http:192.168.0.116:8080/index.jsp，也可以输入 www.guet.edu.cn，此时浏览器自动转换成：http://www.guet.edu.cn/index.html。

HTTP 协议由两个阶段组成，即请求和响应。打开一个网页实际需要完成多次请求和响应过程（可以用 Fidder 工具查看），例如：

（1）当你在浏览器输入 URL（http://www.cnblogs.com）的时候，浏览器发送一个 Request 去获取 http://www.cnblogs.com 的 html，服务器把响应（Response）发送回给浏览器。

（2）浏览器分析 Response 中的 HTML，如果发现其中引用了很多其他文件，比如图片、CSS 文件、JS 文件、浏览器会自动再次发送 Request 去获取图片、CSS 文件或者 JS 文件。

（3）等所有的文件都下载成功后，网页就被显示出来。

1．请求格式

HTTP 请求由三部分组成，依次是请求行（Request line）、消息报头（Request head）和可选的请求正文（body）。其中消息报头和请求正文之间有一个空白行。

请求行以一个方法符号开头，后跟空格，然后跟着请求的 URI 和 HTTP 协议的版本，格式如下：

```
Method Request-URI HTTP-Version
```

其中 Method 表示请求方法，Request-URI 是一个统一资源标识符，HTTP-Version 表示请求的 HTTP 协议版本。下面是一个完整的请求行的例子：

```
GET http://www.cnblogs.com/ HTTP/1.1
```

请求方法（所有方法全为大写）有多种，各个方法的解释如下。

GET：请求获取 Request-URI 所标识的资源。

POST：在 Request-URI 所标识的资源后附加新的数据,方法要求被请求服务器接受附在请求后面的数据，常用于提交表单。

HEAD：请求获取由 Request-URI 所标识的资源的响应消息报头。HEAD 方法与 GET 方法几乎是一样的，对于 HEAD 请求的回应部分来说，它的 HTTP 头部中包含的信息与通过 GET 请求所得到的信息是相同的。利用这个方法，不必传输整个资源内容，就可以得到 Request-URI 所标识的资源的信息。该方法常用于测试超链接的有效性，是否可以访问，以及最近是否更新。

PUT：请求服务器存储一个资源，并用 Request-URI 作为其标识。

DELETE：请求服务器删除 Request-URI 所标识的资源。

TRACE：请求服务器回送收到的请求信息，主要用于测试或诊断。

OPTIONS：请求查询服务器的性能，或者查询与资源相关的选项和需求。

2. 响应格式

在接收和解释请求消息后，服务器返回一个 HTTP 响应消息。HTTP 响应也是由三个部分组成，依次是状态行、消息报头和可选的响应正文，其中报头和正文间有一个空白行。其中状态行的具体格式如下：

```
HTTP-Version Status-Code Reason-Phrase
```

其中，HTTP-Version 表示服务器 HTTP 协议的版本；Status-Code 表示服务器发回的响应状态代码；Reason-Phrase 表示状态代码的文本描述。

状态代码有三位数字组成，第一个数字定义了响应的类别，且有 5 种可能取值。

1××：指示信息，表示请求已接收，继续处理。

2××：成功，表示请求已被成功接收、理解、接受。

3××：重定向，要完成请求必须进行更进一步的操作。

4××：客户端错误，请求有语法错误或请求无法实现。

5××：服务器端错误，服务器未能实现合法的请求。

下面对一些常见的状态代码和状态描述进行说明：

```
200 OK                    //客户端请求成功
400 Bad Request           //客户端请求有语法错误，不能被服务器所理解
401 Unauthorized          //请求未经授权，这个状态代码必须和 WWW-Authenticate 报头域一起使用
403 Forbidden             //服务器收到请求，但是拒绝提供服务
404 Not Found             //请求资源不存在，例如：输入了错误的 URL
500 Internal Server Error //服务器发生不可预期的错误
503 Server Unavailable    //服务器当前不能处理客户端的请求，一段时间后可能恢复正常
```

下面是一个状态行的例子：

```
HTTP/1.1 200 OK(CRLF)
```

3. 消息报头格式

所有的请求和响应都是由开始行（对于请求消息，开始行就是请求行；对于响应消息，开始行就是状态行）、消息报头（可选）、空白行、消息正文（可选）组成。其中消息报头包括普通报头、请求报头、响应报头、实体报头。所有类型的报头都是有许多行组成，每个行遵守固定的格式如下：

```
报头域名字: 值
```

其中冒号后有空白，报头域的名字是大小写通用的。下面介绍各种报头可以包含的各种报头域。

（1）普通报头。

在普通报头中，有少数报头域用于所有的请求和响应消息，但并不用于被传输的实体，只用于传输的消息。常见的普通报头域用法如下。

[a]Cache-Control

用于指定缓存指令，缓存指令是单向的（响应中出现的缓存指令在请求中未必会出现），且是独立的（一个消息的缓存指令不会影响另一个消息处理的缓存机制）。请求时 Cache-Control 对应的值包括：no-cache（用于指示请求或响应消息不能缓存）、no-store、max-age、max-stale、min-fresh、only-if-cached。响应时对应的值包括：public、private、no-cache、no-store、no-transform、must-revalidate、proxy-revalidate、max-age、s-maxage。

例如，为了指示 IE 浏览器（客户端）不要缓存页面，服务器端的 JSP 程序可以编写如下：response.setHeader（"Cache-Control","no-cache"）；这句代码将在发送的响应消息中设置普通报头域：Cache-Control:no-cache。

[b]Date

该域表示消息产生的日期和时间。

[c]Connection

普通报头域允许发送指定连接的选项。例如，指定连接是"close"选项，通知服务器，在响应完成后，关闭连接。

（2）请求报头。

请求报头允许客户端向服务器端传递请求的附加信息以及客户端自身的信息。常用的请求报头如下。

[a]Accept

Accept 请求报头域用于指定客户端接受哪些类型的信息。例如，Accept:image/gif，表明客户端希望接受 gif 图象格式的资源；Accept：text/html，表明客户端希望接受 html 文本。

[b]Accept-Charset

Accept-Charset 用于指定客户端接受的字符集。例如，Accept-Charset: iso-8859-1,gb231。如果在请求消息中没有设置这个域，缺省是任何字符集都可以接受。

[c]Accept-Encoding

Accept-Encoding 类似于 Accept，但是它用于指定可接受的内容编码。例如，Accept-Encoding:gzip.deflate。如果请求消息中没有设置这个域，服务器假定客户端对各种内容编码都可以接受。

[d]Accept-Language

Accept-Language 类似于 Accept，但是它用于指定一种自然语言。例如，Accept-Language:zh-cn。如果请求消息中没有设置这个报头域，服务器假定客户端对各种语言都可以接受。

[e]Authorization

Authorization 主要用于证明客户端有权查看某个资源。当浏览器访问一个页面时，如果收到服务器的响应代码为 401（未授权），可以发送一个包含 Authorization 请求报头域的请求，要求服务器对其进行验证。

[f]Host

Host 请求报头域主要用于指定被请求资源的 Internet 主机和端口号，它通常从 HTTP URL 中提取出来，发送请求时，该报头域是必需的。例如，我们在浏览器中输入：http://www.

guet.edu.cn/index.html。

浏览器发送的请求消息中，就会包含 Host 请求报头域，如下：

`Host: www.guet.edu.cn`

此处使用缺省端口号 80，若指定了端口号，则变成 Host：www.guet.edu.cn:指定端口号。

`[g]User-Agent`

上网登录论坛的时候，往往会看到一些欢迎信息，其中列出了登录用户的操作系统的名称和版本，所使用的浏览器的名称和版本。实际上，服务器应用程序就是从 User-Agent 这个请求报头域中获取到这些信息。User-Agent 请求报头域允许客户端将它的操作系统、浏览器和其他属性告诉服务器。不过，这个报头域不是必需的，如果我们自己编写一个浏览器，不使用 User-Agent 请求报头域，那么服务器端就无法得知我们的信息了。

下面是一个请求报头举例：

```
GET /form.html HTTP/1.1 回车
Accept:image/gif,image/x-xbitmap,image/jpeg,application/x-shockwave-flash,application/vnd.ms-excel,application/vnd.ms-powerpoint,application/msword,*/* 回车
Accept-Language:zh-cn 回车
Accept-Encoding:gzip,deflate 回车
User-Agent:Mozilla/4.0(compatible;MSIE6.0;Windows NT 5.0) 回车
Host:www.guet.edu.cn 回车
Connection:Keep-Alive 回车
```

（3）响应报头。

响应报头允许服务器传递不能放在状态行中的附加响应信息，以及关于服务器的信息和对 Request-URI 所标识的资源进行下一步访问的信息，常用的响应报头如下：

`[a]Location`

Location 响应报头域用于重定向接受者到一个新的位置。Location 响应报头域常用在更换域名的时候。

`[b]Server`

Server 响应报头域包含了服务器用来处理请求的软件信息。与 User-Agent 请求报头域是相对应的。下面是 Server 响应报头域的一个例子：

`Server: Apache-Coyote/1.1`

`[c]WWW-Authenticate`

WWW-Authenticate 响应报头域必须被包含在 401（未授权的）响应消息中，客户端收到 401 响应消息的时候，并发送 Authorization 报头域请求服务器对其进行验证时，服务端响应报头就包含该报头域。例如：

`WWW-Authenticate:Basic realm="Basic Auth Test!"` //可以看出服务器对请求资源采用的是基本验证机制。

（4）实体报头。

请求和响应消息都可以传送一个实体。一个实体由实体报头域和实体正文组成，但并不是说实体报头域和实体正文要一起发送，可以只发送实体报头域。实体报头定义了关于实体正文和请求所标识的资源的元信息。常用的实体报头如下。

`[a]Content-Encoding`

Content-Encoding 实体报头域被用作媒体类型的修饰符，它的值指示了已经被应用到实体正文的附加内容的编码，因而要获得 Content-Type 报头域中所引用的媒体类型，必须采用相应的解

码机制。Content-Encoding 用于记录文档的压缩方法，例如，Content-Encoding：gzip。

[b]Content-Language

Content-Language 实体报头域描述了资源所用的自然语言。没有设置该域则认为实体内容将提供给所有的语言阅读者。例如，Content-Language:cn。

[c]Content-Length

Content-Length 实体报头域用于指明实体正文的长度，以字节方式存储的十进制数字来表示。

[d]Content-Type

Content-Type 实体报头域用于指明发送给接收者的实体正文的媒体类型。例如：

```
Content-Type:text/html;charset=ISO-8859-1
Content-Type:text/html;charset=GB2312
```

[e]Last-Modified

Last-Modified 实体报头域用于指示资源的最后修改日期和时间。

[f]Expires

Expires 实体报头域给出响应过期的日期和时间。为了让代理服务器或浏览器在一段时间以后更新缓存中（再次访问曾访问过的页面时，直接从缓存中加载，缩短响应时间和降低服务器负载）的页面，我们可以使用 Expires 实体报头域指定页面过期的时间。例如：

```
Expires: Thu, 15 Sep 2006 16:23:12 GMT
```

为了让浏览器不要缓存页面，我们也可以利用 Expires 实体报头域，设置为 0。例如在 jsp 程序中可以设置如下：response.setDateHeader("Expires","0")。

4. 超文本

超文本（Hypertext）是用超链结将各种不同空间的文字信息组织在一起的网状文本。超文本普遍以电子文档方式存在，其中的文字包含有可以链接到其他位置或者文档的连接，允许从当前阅读位置直接切换到超文本连接所指向的位置。超文本的格式有很多，目前最常使用的是超文本标记语言（Hyper Text Markup Language，HTML）及富文本格式（Rich Text Format，RTF）。我们日常浏览的网页上的链接都属于超文本。超文本技术的本质就是在文档内部和文档之间建立关系，通过这种关系给予文本以非线性的组织。

1.3 Web 编程技术概览

1.3.1 HTML

HTML（HyPerText MarktlP Language，超文本标记语言）是一种用来制作超文本文档的简单标记语言，它实际上是标准通用标记语言（Standard Generalized Markup Language，SGML）的一个子集。SGML 是 1986 年发布的一个信息管理方面的国际标准（1508879 ）。HTML 语言通过利用近 120 种标记来标识文档的结构以及超链接的信息。虽然 HTML 语言描述了文档的结构格式，但并不能精确地定义文档信息必须如何显示和排列。而只是建议 Web 浏览器应该如何显示和排列这些信息，最终在用户面前的显示结果取决于 Web 浏览器本身的显示风格及其对标记的解释能力。这就是为什么同一文档在不同的浏览器中展示的效果会不一样的原因。

HTML 文件是种纯文本文件，通常它带有.htm 或.html 的文件扩展名（在 UNIX 中的扩展名为.tml）。用户可以使用各种类型的工具来创建或者处理 HTML 文档，"所见即所得"特性的可视化编辑工具如 FrontPage、Dreamweaver 等都可用来创建或者处理 HTML 文档。最初的网页是静态网页，它不需要 Web 服务器做任何工作，Web 服务器将网页传送到客户端后，由浏览器解释执行带有脚本语言的网页。随着互联网技术的不断发展，人们逐渐发现静态页面在以下几个方面都存在明显的不足。

（1）无法支持后台数据库。随着网上信息量的增加，以及企业和个人希望通过网络发布产品和信息的需求不断增强，人们越来越需要一种能够通过简单的 Web 页面访问服务端后台数据库的方式。这是静态页面远远不能实现的。

（2）无法有效地对站点信息进行及时的更新。如果用户需要对传统静态页面的内容和信息进行更新或修改，只能够采用逐一更改每个页面的方式。在互联网发展初期网上信息较少的时代，这种做法还是可以接受的。但现在即便是个人站点也包含着各种各样的丰富内容，因此如何及时、有效地更新页面信息成为一个亟待解决的问题。

（3）无法实现动态显示效果。所有的静态页面都是事先编写好的，是一成不变的，因此访问同一页面的用户看到的都是相同的内容，静态页面无法根据不同的用户做不同的页面显示。

以 HTML 编写的静态页面已经不能够满足用户的浏览要求，还需要与页面进行交互操作，这就要求浏览器能处理用户的请求。在这种需求下，1995 年后的浏览器发展成为支持 Web 页中加入 JavaScript 或 VBScriPt 脚本代码的网页，以便创建内容和表现力更加丰富的 HTML 页面，可以让用户实现浏览器中的动态交互操作。

1.3.2 DHTML

DHTML 即动态的 HTML 语言（Dynamic HTML），除了具有 HTML 语言的一切性质外，其最大的突破就是可以实现在下载网页后仍然能实时变换页面元素效果，并且可以和用户交互，使人们在浏览 Web 页面时看到五彩缤纷、绚丽夺目的动态效果。DHTML 并不是一门新的语言，它是以下技术、标准或规范的一种集成。

（1）HTML 4.0。

（2）CSS（Cascading Style Sheets，层叠样式单）。

（3）CSSL（Client-Side Scripting Language），是客户端脚本语言，如 JavaScript，VBscript 语言）。

（4）HTML DOM（HTML Document Object Model，HTML 文档对象模型）。

CSS 是 HTML 的辅助设计规范，用来弥补 HTML 在页面布局和排版上受限制所导致的不足，它是 DOM 的一部分。通过 CSSL 可动态改变 CSS 属性从而实现任何你想要的页面视觉效果。CSSL 主要有 Netscape 公司的 JavaScript 语言、微软公司的 VBScript。由于大多数浏览器都支持 JavaScript，所以 Web 开发者大多使用 JavaScript 语言。用户可通过这些语言编程来控制 HTML 标记。

HTML DOM 是 W3C 极力推广的 Web 技术标准之一，它将网页中的所有 HTML 标记抽象成对象，每个对象拥有各自的属性（Properties）、方法（Method）和事件（Events），它们可以通过 CSSL 来进行控制。所有 HTML 标记中的元素（包括文本和属性）都可以通过 DOM 访问，可以动态创建新的 HTML 元素，页面显示内容可以被删除或修改。IE 和 Netscape 的对象模型都是以 W3C 公布的 DOM 为基准，加上自己的扩展对象（Extended Object）来生成的。

采用 DHTML 可以实现如下功能：（1）动态交互功能，使用户的 Web 页面产生动态效果。（2）让用户的站点更容易维护。（3）可减轻服务器的负担。

简单地说，要实现 DHTML，就是以 HTML 为基础（使用 HTML 来指定 Web 页面元素，如标题、段落和表格等），运用 DOM 将页面元素对象化，利用 CSSL 控制这些对象的 CSS 属性以达到网页的动态视觉效果。DHTML 已经成为 Web 开发必须掌握的一种技术。

1.3.3 XML

XML 代表可扩展的标记语言（EXtensible Markup Language 的缩写）。XML 是一套定义语义标记的规则，这些标记将文档分成许多部件并对这些部件加以标识；它也是元标记语言，即定义了用于定义与特定领域有关的、语义的、结构化的标记语言的句法语言。

1. XML 是元标记语言

关于 XML 要理解的第一件事是，它不像超文本标记语言（Hypertext Markup Language, HTML）或是格式化的程序。这些语言定义了一套固定的标记，用来描述一定数目的元素。如果标记语言中没有所需的标记，用户也就没有办法了。这时只好等待标记语言的下一个版本，希望在新版本中能够包括所需的标记，但是这样一来就得依赖于软件开发商的选择了。

但是 XML 是一种元标记语言。用户可以定义自己需要的标记。这些标记必须根据某些通用的原理来创建，但是在标记的意义上，也具有相当的灵活性。例如，假如用户正在处理与学籍有关的事情，需要描述每个学生的入学日期、籍贯、姓名、性别、年龄等，这就必须创建用于每项的标记。新创建的标记可在文档类型定义（Document Type Definition，DTD）中加以描述。

XML 定义了一套元句法，与特定领域有关的标记语言（如 MusicML、MathML 和 CML）都必须遵守。如果一个应用程序可以理解这一元句法，那么它也就能够自动地理解所有的由此元语言建立起来的语言。浏览器不必事先了解多种不同的标记语言使用的每个标记。事实是，浏览器在读入文档或是它的 DTD 时才了解了给定文档使用的标记。有了 XML 就意味着用户可以创建自己需要的标记，当需要时，告诉浏览器如何显示这些标记就可以了。

2. XML 描述的是结构和语义，而不是格式化

关于 XML 要了解的第二件事是，XML 标记描述的是文档的结构和意义。它不描述页面元素的格式化。用户可以用样式单 CSS 为文档增加格式化信息。文档本身只说明文档包括什么标记，而不是说明文档看起来是什么样的。

作为对照，HTML 文档包括了格式化、结构和语义的标记。<B>就是一种格式化标记，它使其中的内容变为粗体。<STRONG>是一种语义标记，意味着其中的内容特别重要。<TD>是结构标记，指明内容是表中的一个单元。事实上，某些标记可能具有所有这三种意义，例如<H1>标记可同时表示 20 磅的 Helvetica 字体的粗体、第一级标题和页面标题。例如，在 HTML 中，一首歌可能是用定义标题、定义数据、无序的列表和列表项来描述的。但是事实上这些项目没有一件是与音乐有关的。用 HTML 定义的歌曲可能如下（见清单 1.1）。

清单 1.1
```
<html><body>
<h2> a song
<dl>
  <dt>Hot Cop
    <dd> by Jacques Morali Henri Belolo and Victor Willis
</dl>
<ul>
  <li>Producer: Jacques Morali
  <li>Publisher: PolyGram Records
```

```
    <li>Length: 6:20
    <li>Written: 978
    <li>Artist: Village People
</ul>
</body></html>
```

其中<dl>表示一个定义列表（definition list），<dt>和<dd>分别表示定义条目的标题和内容部分。<ul>表示无序列表，<li>表示列表项内容。而在 XML 中，同样的数据可能标记为（见清单 1.2）：

清单 1.2

```
<?xml version="1.0" standalone="yes"?>
  <SONG>
<TITLE>Hot Cop</TITLE>
<COMPOSER>Jacques Morali</COMPOSER>
<COMPOSER>Henri Belolo</COMPOSER>
<COMPOSER>Victor Willis</COMPOSER>
<PRODUCER>Jacques Morali</PRODUCER>
<PUBLISHER>PolyGram Records</PUBLISHER>
<LENGTH>6:20</LENGTH>
<YEAR> 978</YEAR>
<ARTIST>Village People</ARTIST>
</SONG>
```

这个清单中没有使用通用的标记如<dt>和<li>，而是使用了具有意义的标记，如<SONG>、<TITLE>、<COMPOSER>和<YEAR>等。这种用法具有许多优点，包括源码易于被人阅读，使人能够看出作者的原意。

1.3.4　JavaScript

JavaScript 是目前使用最广泛的脚本语言，它是由 Netscape 公司开发并随 Netscape Navigator 浏览器一起发布的，是一种介于 Java 与 HTML 之间、基于对象的事件驱动的编程语言。使用 JavaScript，不需要 Java 编译器，而是直接在 Web 浏览器中解释执行。

JavaScript 语言在早期被 Netscape 的开发者们称为 Mocha 语言，在一次 Beta 测试时，名字改为 LiveScript。Sun 公司推出 Java 之后，Netscape 引进了 Sun 的有关概念，将自己原来的 LiveScript 更名为 JavaScript，它不仅支持 Java 的 Applet 小程序，同时向 Web 开发者提供一种嵌入 HTML 文档进行编程的、基于对象的脚本程序设计功能。虽然 JavaScript 采用的许多结构与 Java 相似，但两者有着根本的不同。Java 是面向对象的程序设计语言，JavaScript 则是一种脚本语言，是一种基于对象的、面向非程序设计人员的编程语言。JavaScript 源代码无须编译，嵌入 HTML 中的 JavaScript 是作为 HTML 页面的一部分存在的。浏览器自带的脚本引擎会对包含 JavaScript 的 HTML 页面进行分析、识别、解释并执行 JavaScript 编写的源代码。

1.3.5　PHP

PHP（Hypertext Preprocessor，超文本预处理器，也称 Professional Home Page）是利用服务器端脚本创建动态网站的技术，它包括了一个完整的编程语言，支持因特网的各种协议，提供与多种数据库直接互联的能力，包括 MySQL、SQL Server、Sybase、Informix、oracle，还能支持 ODBC 数据库连接方式。用户可采用 HTML 内嵌式语言编写 PHP 脚本程序。PHP 语言的语法混合了 C、Java、Perl，以及 PHP 式的新语法，具备丰富的函数库、多种数据类型和复杂的文本处理功能，能处理 XML。

PHP 也是一种跨平台的技术，在大多数 UNIX 平台、GUN/Linux 和微软的 Windows 平台上均可以运行。PHP 脚本程序可在 Apache、Tomcat 和 JBoss 等 Web 服务器上运行。一般认为"PHP+MySQL+Appache+Dreamveaver"是开发和运行一个中小企业网站系统的黄金组合，网站的运行效率高，可靠性和稳定性也非常好。

PHP 的优点是安装方便、学习过程简单、数据库连接方便、兼容性强、扩展性强、可以进行面向对象编程。由于它的源代码完全公开，在开源（open source）的大潮中，不断有新的函数库加入并持续更新，使得 PHP 无论在 UNIX/Linux 或是 Windows 平台上都受到欢迎。

1.3.6 JSP

JSP（Java Server Pages）是由 Sun 公司在 Java 语言上开发出来的一种动态网页制作技术，它可以使网页中的动态部分和静态的 HTML 相分离。用户可以使用平常得心应手的工具并按照平常的方式来书写 HTML 语句。然后，将动态部分用特殊的标记嵌入即可，这些标记常常以"<%"开始并以"%>"结束。例如清单 1.3：

清单 1.3
```
<html>
<head><title>jsp 教程</title></head>
<body>
    <I><%out.println("hello world");%></I>
</body>
</html>
```

它将输出"hello world"。

通常，您要将文件以".jsp"为扩展名，并将它放置到任何您可以放置普通 Web 页面的路径下。构造一个 JSP page，除了可内嵌的规则的 HTML，还有三类主要的 JSP 元素：Scripting elements、Directives 和 Actions。用户可以使用 Scripting elements 定义最终转换为 Servlet 的部分，使用 Directives 可以控制 Servlet 的整体结构，而使用 Actions 可以指定可重用的已有组件。

思考和练习题

1. 简述 IP 地址的构成。
2. 简述域名解析过程。
3. 简述统一资源定位符的构成。
4. 简述 HTTP 的组成。
5. 分析 HTML 和 DHTML 的不同。
6. 简述 PHP 语言的特点。

第 2 章 DHTML

学习要点
（1）DHTML 的概念
（2）HTML 的基础知识
（3）CSS 的基础知识

DHTML 即动态的 HTML 语言（Dynamic HTML）。DHTML 并不是一门新的语言，它是以下技术、标准或规范的一种集成：（1）HTML 技术；（2）CSS（Cascading Style Sheets，层叠样式单）；（3）HTML DOM（HTML Document Object Model，HTML 文档对象模型）；（4）CSSL（Client-Side Scripting Language，客户端脚本语言，如 JavaScript 语言）等。本章重点介绍 HTML 和 CSS，其他内容在后续章节介绍。

2.1 HTML 基本语法

  HTML 中基本的语法单位称为标签，用于指定内容的类别。对于每个类别，针对特定的内容，浏览器有默认的显示方式。标签的语法是利用一对尖括号"< >"将标签名称包围起来。标签名称必须使用小写字母书写。大部分标签都是成对出现的：包括开始标签和结束标签。结束标签的名称就是在对应的开始标签名称前面添加一个斜杠"/"。例如，如果开始标签的名称是<p>，那么对应的结束标签名称就是</p>。开始标签和结束标签之间包含的信息称为标签的内容。浏览器显示的 HTML 文档实际上就是显示文档中所有标签中包含的内容。需要指出的是，并不是所有的标签都包含内容。开始标签及其结束标签就是为它们所包含的内容指定了一个容器。容器及内容一起称为元素。例如，参见下面的一个表示段落的元素代码：

       `<p> This is extremely simple. </p>`

段落标签<p>表示内容的开始，而标签</p>则表示段落元素内容的结束。

  属性用于指定标签的含义，可以在开始标签名称及其右半边尖括号之间指定。它们是以键值的形式进行指定的，即首先是属性名称，接下来是一个等号，最后是属性值。与标签名称一样，属性名称也必须采用小写字母的形式。属性值则必须以双引号进行界定。例如：

  `<img src="c210new.jpg" alt="Picture of a Cessna 210">This is a picture</img>`

这里表示了一个图像如何嵌入到 HTML 中。

  程序中的注释可以提高程序的可读性。HTML 中的注释以如下形式出现在 HTML 文档中：

  `<!-- whatever you want to say -->`

浏览器可以忽略 HTML 注释——这些注释只对用户有用。注释内容可以根据需要跨多行。例如，可以使用以下形式的注释：

```
<!--PetesHome.html
    This document describes the home page of Pete's Pickles
-->
```

除了注释之外，还有一些其他类型的文本可以出现在 HTML 文档中，但却会被浏览器忽略。浏览器可以忽略所有无法识别的标签。此外还忽略换行，在显示结果中出现的换行，只能通过专门设计的标签来实现，对于多个空格也是如此。HTML 文档一般包含以下四组标签：<html>、<head>、<title>以及<body>。标签<html>为标识文档的根元素。一个 HTML 文档包含两部分，头<head>部分和主体<body>部分。<head>元素包含了文档的头部分，该部分提供了文档的相关信息，而不提供文档的内容。文档的主体<body>部分提供了文档的内容，主体部分本身通常会包含多种标签及其属性。标题<title>元素的内容显示在浏览器的顶部，通常是在浏览器窗口的标题栏中显示。

2.1.1 基本的文本标记

本节将讨论如何利用 HTML 标签对 HTML 文档的内容进行布局和某些显示细节的处理。

1. 段落

一般情况下，文档主体中的文本采用多个段落的形式进行显示。实际上，HTML 标准不允许直接将文本放置在文档主体中（但许多浏览器是支持的）。文本段落是作为段落元素的内容进行显示的，段落元素通过标签<p>指定。在显示段落内容的时候，浏览器将很多文本放置到浏览器窗口中以填充文本段落的每一行。在每一行的末尾，浏览器将自动换行，而嵌入到文本中的换行将被浏览器忽略。例如，以下段落通过浏览器的显示效果如图 2-1 所示。

```
<p>
   Mary had
a
   little lamb,its fleece was white as snow. And
everywhere that
   Mary went, the lamb
 was sure to go.
</p>
```

```
Mary had a little lamb,its fleece was white as snow. And everywhere that Mary went,the lamb
was sure to go.
```

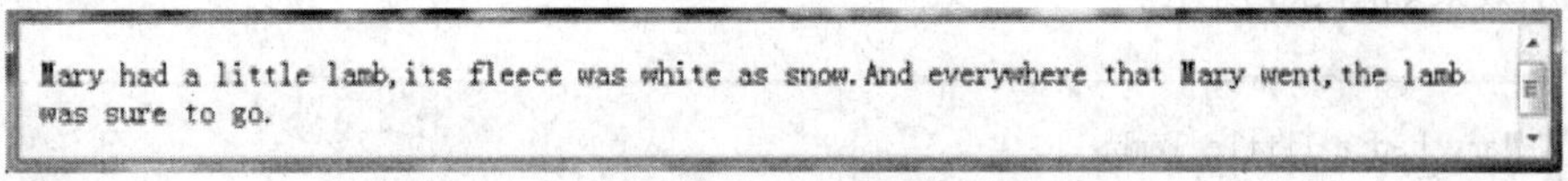

图 2-1　填充段落行

注意，段落元素源代码中的多个空格在图 2-1 中被一个空格所替换。接下来是一个完整的 HTML 文档示例（见清单 2.1）：

清单 2.1
```
<!--greet.html
    A trivial document
  -->
<html>
    <head>
        <title>Our first document</title>
    </head>
```

```
        <body>
            <p>
            Greetings from your Webmaster!
            </p>
        </body>
</html>
```

该示例文档（文件名为 greet.html）的显示结果如图 2-2 所示。

```
Greetings from your Webmaster!
```

图 2-2　文档 greet.html 的显示结果

如果段落标签之前还有其他文本，那么它将中断当前行，并插入一个空白行。以下 HTML 代码即可导致两行文本之间插入一个空行，如图 2-3 所示。

`<p>Mary had a little lamb,</p><p>its fleece was white as snow.</p>`

```
Mary had a little lamb,

its fleece was white as snow.
```

图 2-3　两个段落元素

2．换行

有时候文本需要在不插入一个空行的情况下进行换行——这正是换行标签所实现的。换行标签不同于段落标签，主要在于换行标签没有内容，因此，也就没有结束标签（因为结束标签并没有什么特殊的作用）。换行标签的格式为
。斜杠"/"表示该标签既是一个开始标签又是一个结束标签。

考虑如下代码：

```
<p>
    Mary had a little lamb,<br/>
    its fleece was white as snow.
</p>
```

其显示效果如图 2-4 所示。

```
Mary had a little lamb,
its fleece was white as snow.
```

图 2-4　换行标签效果

3．标题

文档中的文本经常被分为多个节，每一节都有一个标题。较大的节中可能又包含一些较小的节，大节的标题字体要比小节的标题字体大。在 HTML 文档中，一共有六级标题，分别为<h1>、<h2>、<h3>、<h4>、<h5>以及<h6>，其中<h1>指定的标题字体最大。标题以加粗的字体进行显示，其字体的默认大小取决于标题标签的序号。在大部分浏览器中，<h1>、<h2>和<h3>使用的字体要比默认的文本字体大，<h4>使用默认的文本字体大小，<h5>和<h6>使用的字体比默认的文本字体要小。标题标签总会导致换行，所以它们的内容总是显示在新的一行。通常情况下，浏览器会在所有标题标签的前后插入一些垂直方向上的空白。

下面示例了标题的使用方式（见清单 2.2）：

清单 2.2
```
<!--headings.html
    An example to illustrate headings
    -->
<html>
    <head><title>Headings</title>
    </head>
    <body>
    <h1>Aidan's Airplanes (h1) </h1>
    <h2>The best in used airplanes (h2) </h2>
    <h3>"We've got them by the hangarful"  (h3) </h3>
    <h4>We're the guys to see for a good used airplane (h4) </h4>
    <h5>We offer great prices on great planes (h5) </h5>
    <h6>No returns,no guarantees, no refunds,
       all sales are final! (h6) </h6>
    </body>
</html>
```

图 2-5 展示了清单 2.2 的显示效果。

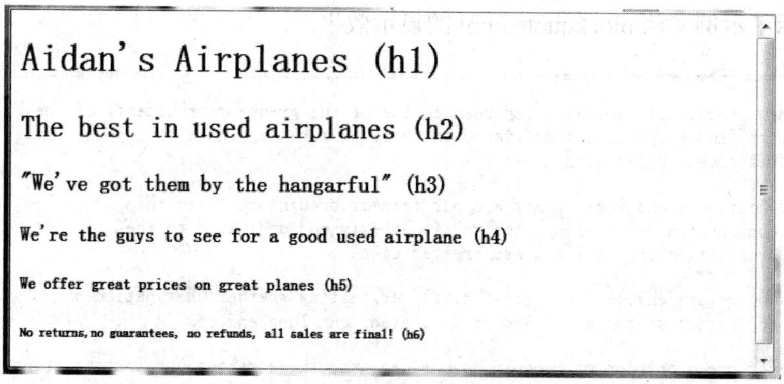

图 2-5　headings.html 显示效果

4. 块引用

有时候，可能会在文档中将某个文本块以不同于正常文本流的外观进行显示。很多情况下，这样的文本块是一组很长的引用文本。为此，HTML 中专门提供了标签<blockquote>。浏览器设计者负责确定标签<blockquote>的内容与周边的文本显示效果之间的差异方式。大部分情况下，块文本是首行缩进的，或者是左缩进，或者是右缩进，也可能是两边都缩进。另一种方式是将文本块以斜体进行显示。参见清单 2.3 文档：

清单 2.3
```
<!--blockquote.html
    An example to illustrate a blockquote
    -->
<html>
 <head><title>Blockquotes</title>
 </head>
 <body>
    <p>
```

```
    Abraham Lincoln is generally regarded as one of the greatest
    presidents of the U.S. His most famous speech was delivered
    in Gettysburg,Pennsylvania,during the Civil War.This
    speech began with
</p>
<blockquote>
  <p>
    "Fourscore and seven years ago our fathers brought forth on
    this continent,a new nation,conceived in Liberty,and
    dedicated to the proposition that all men are created equal
  </p>
  <p>
    Now we are engaged in a great civil war,testing whether
    that nation or any nation so conceived and so dedicated,
    can long endure."
  </p>
</blockquote>
<p>
    Whatever one's opinion of Lincoln,no one can deny the
    enormous and lasting effect he had on the U.S.
</p>
</body>
</html>
```

图 2-6 展示了示例文档 blockquote.html 的显示效果。

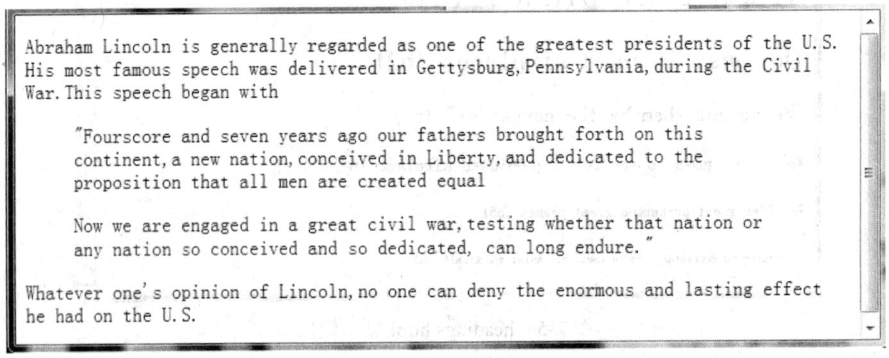

图 2-6 blockquote.html 显示效果

另外一个支持块的标签是<div>，<div>可定义文档中的分区或节（division/section），可以把文档分割为独立的、不同的部分。它可以用作严格的组织工具，并且不使用任何格式与其关联。<div>是一个块级元素，也就是说，浏览器通常会在 div 元素前后放置一个换行符。如果用 id 或 class 属性，那么该标签的作用会变得更加有效。下面是一个例子（见清单 2.4）。

清单 2.4
```
<html><body>
    <h1>NEWS WEBSITE</h1>
    <p>some text. some text. some text...</p>
    ...
    <div class="news">
    <h2>News headline 1</h2>
    <p>some text. some text. some text...</p>
    ...
    </div>
```

```
        <div class="news">
        <h2>News headline 2</h2>
        <p>some text. some text. some text...</p>
        ...
        </div>
        ...
        </body>
</html>
```

这段 HTML 模拟了新闻网站的结构。其中的每个 div 把每条新闻的标题和摘要组合在一起，也就是说，div 为文档添加了额外的结构。同时，由于这些 div 属于同一类元素，所以可以使用 class="news" 对这些 div 进行标识。这么做不仅为 div 添加了合适的语义，而且便于进一步使用样式对 div 进行格式化。

5. 字体样式与大小

常常需要删除或强调文本中的某些单词或短语。这可以通过对文本中需要被强调的单词或短语使用不同的字体样式或字体大小来实现。HTML 中包含了一些可以实现此功能的标签。其中最简单的是标签<b>和标签<i>，它们能够改变文本的字体样式，分别将文本内容以粗体和斜体显示。如果文本内容的字体样式已经是斜体，那么<i>标签将不会对其产生影响。同样的，如果文本内容的字体样式已经是粗体，那么<b>标签也不会对其产生影响。

HTML 标签可分为块标签和行内标签两类。行内标签的内容在当前行中进行显示。块标签结束当前行，因此它的内容在新的一行中进行显示。标题标签和块引用标签都属于块标签，而<b>和<i>则是行内标签。在 HTML 中，块标签不能出现在行内标签的内容中。因此，块标签永远不能直接内嵌于某个行内标签。同样，行内标签和文本也不能直接嵌入到文档主体或表单元素中。这就是为什么示例文档 greet.html 中将主体的文本内容嵌入到一个段落元素中。

标签<big>和标签<small>用来指定字符的相对大小。出现在标签<big>和</big>之间的字符，其字体大小要比它之前和之后的文本内容中的字符字体大小要大，大多少则取决于浏览器。如果恰好此时字体大小已经是最大值，那么标签<big>将对字体大小不产生任何影响。标签<big>可以嵌套，并且仍然能够达到它本身的效果。例如，考虑如下代码：

```
Mary <big> had <big> a <big> little <big> lamb
</big></big></big></big>
```

这个文本内容的显示效果如图 2-7 所示。

图 2-7　<big>元素的显示效果

标签<small>的功能与标签<big>相反。例如：
```
Mary <small> had <small> a </small></small>
```
的显示效果如图 2-8 所示。

图 2-8　<small>元素的显示效果

下标和上标字符可以分别用标签<sub>和<sup>来指定。例如：
x ₂ ³ + y ₁ ²
的显示效果如图 2-9 所示。

图 2-9 <sub>和<sup>元素的显示效果

标签<tt>用来指定单间隔字体，显示为等宽字体。例如：
<tt> Mary <big> had <big> a </big> little </big> lamb </tt>
的显示效果如图 2-10 所示。

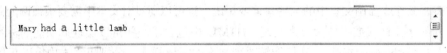

图 2-10 <tt>元素的显示效果

当字符更改标签与<blockquote>标签有冲突时，标签<blockquote>将会影响到这些标签的显示效果。例如，如果标签<blockquote>中的文本内容设置为斜体，而其中一部分内容又使用了标签<i>，那么此时标签<i>将不起任何作用。

6. 字符实体

HTML 提供了一组特殊的字符，这些字符有时候会出现在文档中，但不能以本身的样式进行拼写。某些情况下，这些字符在 HTML 中具有特殊的意义，如>、<和&。另外一些情况是，某些字符在键盘中没有对应的按键，如用于描述温度的类似于上标的小圆圈。此外，还包括一些非换行空格，浏览器将它们识别为硬空格——浏览器不能像处理其他多个空格那样，排除这种空格。这些特殊字符被定义为实体，在浏览器中是字符的代称。文档中的实体在浏览器中可以通过与其对应的字符来替换。表 2-1 列出了一些最为常用的实体。

表 2-1 一些常用的实体

Character	Entity	Meaning
&	&amp;	Ampersand
<	&lt;	Less than
>	&gt;	Greater than
"	&quot;	Double quote
'	&apos;	Single quote(apostrophe)
$\frac{1}{4}$	&frac14;	One quarter
$\frac{1}{2}$	&frac12;	One half
$\frac{3}{4}$	&frac34;	Three quarters
°	&deg;	Degree
(space)		Nonbreaking space

7. 水平线

通过在文档中的各个部分之间绘制一条水平线，可以将它们相互分隔开来显示，这样文档更加容易阅读。这样一条线称为水平线，是利用块标签<hr />创建的。标签<hr />的作用在于引起换行（即结束当前行），并在屏幕上绘制一条水平线。该水平线的粗细、长度和水平位置是由具体的浏览器指定的。一般情况下，浏览器设定该水平线的粗细为3像素。

2.1.2 meta 元素

meta 元素用于为文档设定一些附加的信息。meta 元素没有内容；所有的信息都是通过属性提供的。用来提供信息的两个属性分别为 name 和 content。用户可以指定一个名称作为属性 name 的值，并可通过属性 content 来指定相关信息。一个常用的名称是 keywords；与关键字相关的 content 属性的值被文档作者用来表示文档特征。例如：

```
<meta name="keywords" content="binary trees, linked lists, stacks"/>
```

Web 搜索引擎利用 meta 元素提供的信息对索引中的所有 Web 文档进行分类。这样，如果文档作者希望广泛传播自己的文档，就必须设定一个或者多个 meta 元素，以保证该文档至少能被某些 Web 搜索引擎搜索到。例如，参见清单 2.5：

清单 2.5

```
<html>
 <head>
  <title> New Document </title>
  <meta name="Generator" content="EditPlus">
  <meta name="Author" content="Jack">
  <meta name="Keywords" content="database, algorithm">
  <meta name="Description" content="It is a textbook relating dataset and algorithm">
 </head>
 <body>
 ...
 </body>
</html>
```

2.1.3 图片

文档中包含的图片可以显著地增强文档外观的显示效果。图片以文件的形式进行保存，通过一个 HTML 请求来指定。文件中的图片通过浏览器插入到最终的显示窗口中。

1. 图片格式

最常用的两种图片表示格式分别为可交换的图像格式（Graphic Interchange Format，GIF）和联合图像专家组格式（Joint Photographic Experts Group，JPEG）。GIF 格式是由 CompuServe 网络服务提供商开发的，专门用于实现动态图片。它采用 8 位像素的颜色表示格式，这样每个像素就拥有 256 种不同的颜色。然而，目前大多数计算机能够显示的颜色数目是巨大的，其中多数颜色是 GIF 图片无法表示的。GIF 图片文件的扩展名为.gif（或者为.GIF）。GIF 图片可以呈现透明色。JPEG 格式的图片每个像素对应着 24 位颜色，因此 JPEG 格式的图片可以包含超过 1600 万种不同的颜色。JPEG 图片文件的扩展名为.jpg（或者.JPG，或者.jpeg）。JPEG 格式使用的压缩算法在减小图片大小方面优于 GIF 格式使用的压缩算法。实际上，虽然压缩过程中会丢失图片中的某些颜色，但由于图片中原来拥有的颜色非常多，因此，用户很难发现这一点。正是因为这一强大的压缩过程，对于同一主题而言，尽管 JPEG 图片中包含的颜色信息远远超过 GIF 图片，但 JPEG 图片的大小仍然有可能小于 GIF 图片。因此，JPEG 图片常优于 GIF 图片。但 JPEG 图片的缺点在于其不支持透明色。

还有一种流行的图片格式，即可移植的网络图像文件格式（Portable Network Graphic，PNG，发音是 ping）。由于 PNG 拥有 JPEG 和 GIF 的所有优点（拥有 GIF 所具有的透明显示的特性，且与 JPEG 一样，能够显示比 GIF 多得多的颜色），因此，PNG 可以说是 JPEG 和 GIF 的很好的替代。然而，PNG 的一个缺点在于它的压缩算法并没有降低图片的清晰度，因此，相比于 JPEG 图片，其所需要的存储空间要大些。

2. <img />标签

图片标签<img />是一个行内标签，用于指定将要在文档中显示的图片。在最简单的情况下，图片标签只包含两个属性：src 和 alt。其中，src 用来指定包含图片的文件；alt 用来指定当图片无法显示时，在本应显示图片的位置出现的文本。如果图片文件和对应的 HTML 文档位于同一目录，那么 src 的值只需是图片的文件名称。在很多情况下，图片文件存储在 HTML 文件所在目录的子目录中。例如，图片文件可能存储在一个名为 images 的子目录中。如果图片文件的名称是 stars.jpg，并且存储在 images 子目录中，那么 src 的值应该为"images/stars.jpg"。

一些较早版本的浏览器不能显示图片。当这种浏览器遇到一个<img />标签时，它只是简单地忽略其中的内容，用户可能会根据邻近的文字来猜测这张图片应该是什么样子。此外，对于那些能够显示图片的图形浏览器来说，有可能被浏览器用户取消图片下载。这可能是由于 Internet 连接比较慢，而用户又没有耐心等待整个图片完全下载造成的。在任何情况下，若图片无法显示，则在原来显示图片的位置上显示一些相关文本是非常有帮助的。出于这些原因，XHTML 中给出了 alt 属性。

img 中还有两种可选属性，分别为 width 和 height，可以用来指定矩形图片的宽度和高度（以像素为单位）。这可以用于限定图片的大小。在这个过程中，必须非常小心，以保证图片不失真。例如，如果图片是正方形，那么属性 width 和 height 的值必须相等。接下来是一个有关图片元素的示例：

```
<img src="c210.jpg" alt="(Picture of a Cessna 210)" />
```

关于<img />标签，本节中介绍的相关知识只是非常少的一部分。实际上，<img />标签中包含的属性不低于 30 种。想了解其他属性，请访问

http://www.w3.org/TR/html1401/index/attributes.html。

2.1.4 超链接

HTML 文档中的超链接，本书中简称为链接，可以作为指向某种资源的指针。这种资源可以是 Web 中位于任何位置的 HTML 文档，也可以是当前正显示的文档。此外，它还可以是位于某个特定位置（除了顶部）的其他文档。如果没有链接，Web 文档读起来将非常无聊和乏味，对于浏览器用户来说，就没有一种便捷的方法来实现从一个文档链接到另外一个逻辑上相关的文档。大多数 Web 站点都包括很多不同的文档，所有这些文档都从逻辑上链接在一起。因此，想要构造一个能够引人入胜的站点，链接是必不可少的。

1. 链接

一个指向不同文档的链接指定的是该文档的地址。这个地址可能是文件名称、文件所在路径加文件名称或者完整的 URL。如果链接指向的是文档中除了开头之外的其他位置，该链接就必

须以某种方式对该位置进行标识。

所有的链接都是通过锚标签（<a>）中的属性指定的，这也是一个行内标签。包含一个指定了链接的锚标签的文档称为该链接的源（source）。该链接指定的地址对应的文档称为该链接的目标（target）。

与其他许多标签一样，锚标签也包含许多不同的属性。但是，对于创建链接，只有一个属性是必需的，即 href（超文本引用 hypetext reference 的缩写）。href 属性的值指定了链接的目标文档。如果目标是位于同一目录下的其他文档，那么 href 的值只需是该文档的名称。如果目标文档位于其他目录中，就必须使用 UNIX 路径名称约定。这样，如果一个名为 c210data.html 的 HTML 文件所在的目录就是源文档文件所在目录的子目录——如该子目录名为 airplanes——该文件路径就是 airplanes/c210data.html。这是文档访问的一种相对方法。文件的绝对地址可以用于指定文件的完整路径名。但是，采用相对路径的链接更容易维护，尤其是在 HTML 文件的层次很可能移动的情况下。如果目标文档位于其他主机中（不是位于提供了包含链接的文档的服务器主机中），那么属性 href 的值就必须采用完整的 URL。

用户最终看到的可单击的链接，其对应的锚标签的内容，只能是以下几种类型：文本、换行、图片以及标题。虽然某些浏览器还支持其他的嵌套标签，但这并不属于 HTML 标准的范畴，因此，若要确保自己开发的 HTML 能够被所有的浏览器正确显示，就不应该使用这些标签。通常情况下，链接会呈现出与周围的文本不同的颜色，以表示它是一个链接。有时候链接还带有下划线。当鼠标光标悬停在锚标签内容上方并单击时，浏览器将启动这个链接。如果目标是一个不同的文档，就加载并显示该文档，取代当前显示的文档。如果目标在当前文档中，那么浏览器将滚动该文档来显示这个目标位置。例如，参见下面的清单 2.6 文档，该文档中包含了一个指向 C210data.html 文档的超链接。

清单 2.6
```
<!--link.html
    An example to illustrate an link
    -->
<html>
 <head><title>A link</title>
 </head>
 <body>
   <h1>Aidan's Airplanes </h1>
   <h2>The best in used airplanes </h2>
   <h3>"We've got them by the hangarful" </h3>
   <h2>Special of the month </h2>
   <p>
     1960 Cessna 210 <br/>
     <a href="C210data.html">Information on the Cessna 210</a>
   </p>
 </body>
</html>
```

该示例中，链接的目标是一个完整的文档，它和当前的 XHTML 文档存储在同一目录中。当前文档（文件名为 link.html）的显示效果如图 2-11 所示。

链接的内容中可以包含图片，在这种情况下，浏览器将显示带有链接的图片，例如：

```
<a href="c210data.html">
  <img src="small-airplane.jpg"
       alt="An image of a small airplane">
```

```
Information on the Cessna 210
</a>
```

> **Aidan's Airplanes**
>
> The best in used airplanes
>
> "We've got them by the hangarful"
>
> Special of the month
>
> 1960 Cessna 210
> Information on the Cessna 210

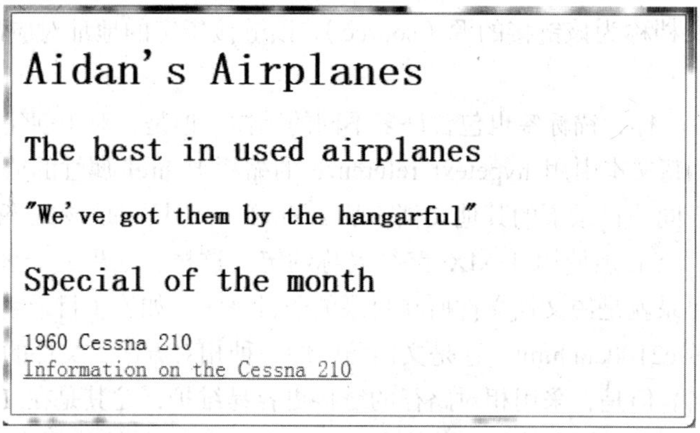

图 2-11 link.html 的显示效果

图片本身也可以是一个有效的链接。例如，一个小房子的图片可以作为返回站点主页的链接。对于这样的链接，锚元素的内容就只是图片元素。

2. 位于文档内部的目标

如果链接的目标不是位于文档的开头部分，那么它一定是文档中的某个元素。在这种情况下，必须要用某些方法来指定相关的元素。链接的目标元素包含一个 id 属性，可以用于在 href 属性中唯一地标识该目标元素。参见如下示例：

```
<h2 id= "avionics"> Avionics </h2>
```

几乎所有的元素都可以包含一个 id 属性。在同一文档中，属性 id 的值必须是唯一的，因为它用来指定一个特定的元素。

如果目标文档和链接所在的文档是同一个文档，href 的属性值就是在 id 属性值的前面加上一个磅符号（#），如下所示：

```
<a href= "#avionics"> What about avionics ? </a>
```

当单击链接 What about avionics ?之后，浏览器将滚动页面，以便 id 为 avionics 的 h2 元素能够显示在浏览器窗口顶部。

如果目标是其他文档的某一部分或者段落，那么要在 URL 的末端指定这一部分的名称，并通过磅符号（#）分隔，如下所示：

```
<a href = "AIDAN1.html#avionics"> Avionics </a>
```

3. 使用链接

链接到同一文档中的其他部分这一方式最常用于提供一个目录，其中每一个条目都是一个链接。这就为用户能够简单、快速地访问文档中的各个部分提供了一种非常便捷的方法。这样的一种目录是作为格式化的链接列表实现的，它利用了 HTML 的列表说明功能。

链接体现了超文本的本质特征。用户可以通过单击链接来了解其所感兴趣的某个子主题的更多相关信息，然后再返回到链接所在的文档。设计链接需要非常小心，因为如果设计者不能为用户使用链接提供方便，这些链接就是令人厌烦的。例如，如果链接和周围的文本相比过于突出，用户可能会分神。链接应该尽可能地与周围的文本融合在一起，这样，用户可以在不刻意单击任何链接的情况下，简单自然地浏览文档。

2.1.5 列表

日常生活中，我们经常创建和使用列表——例如，任务清单和食品清单。同样地，所有印刷和显示的信息都充斥着大量的列表。HTML 为在文档中指定列表提供了简单有效的方法。HTML 中主要支持的两种列表类型是我们非常熟悉的——无序列表和有序列表，如食品清单就是一个无序列表，而一个新自行车的组装说明就是一个有序列表。HTML 还给出了一种定义列表。本节将介绍用于指定无序列表、有序列表和定义列表的标签。

1. 无序列表

标签<ul>是一个块标签，用于创建一个无序列表。列表中的每一项都通过标签<li>来指定。任何标签都可以出现在列表项目中，包括嵌套的列表。在显示时，每个列表项目之前都对应着一个项目符合。例如，参见清单 2.7：

清单 2.7
```html
<!--unordered.html
    An example to illustrate an unordered list
    -->
<html>
 <head><title>Unordered list</title>
 </head>
 <body>
   <h3>Some Common Single-Engine Aircraft</h3>
   <ul>
      <li>Cessna Skyhawk</li>
      <li>Beechcraft Bonanza</li>
      <li>Piper Cherokee</li>
   </ul>
 </body>
</html>
```

图 2-12 展示了该示例文档（unordered.html）的显示效果。

Some Common Single-Engine Aircraft
- Cessna Skyhawk
- Beechcraft Bonanza
- Piper Cherokee

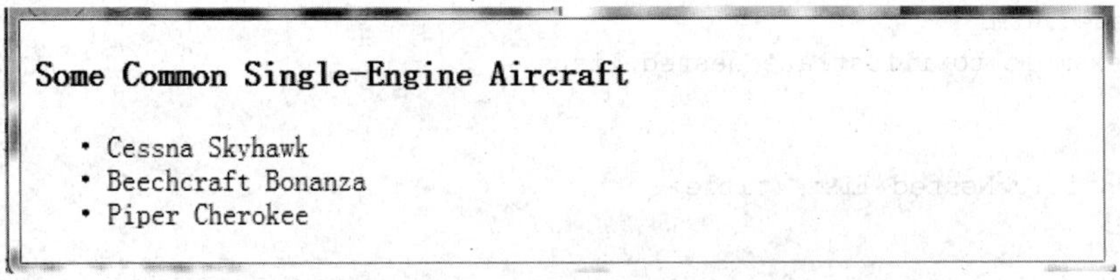

图 2-12 unordered.html 的显示效果

2. 有序列表

有序列表是指那些需要考虑项目顺序的列表。有序列表的这种有序性体现在当文档显示时，每一个项目的前面都对应着一个表示顺序的值。默认的顺序值是阿拉伯数字，以 1 开始。有序列表通过块标签<ol>来创建。列表项目的指定和显示与无序列表类似，只不过有序列表的项目前面是一个顺序值，而不是项目符号。参见清单 2.8：

清单 2.8
```html
<!--ordered.html
    An example to illustrate an ordered list
    -->
```

```html
<html>
 <head><title>Ordered list</title>
 </head>
 <body>
   <h3>Cessna 210 Engine Starting Instructions </h3>
   <ol>
       <li>Set mixture to rich</li>
     <li>Set propeller to high RPM</li>
     <li>Set ignition switch to "BOTH"</li>
     <li>Set auxiliary fuel pump switch to "LOW PRIME"</li>
     <li>When fuel pressure reaches 2 to 2.5 PSI,push
        starter button
     </li>
   </ol>
 </body>
</html>
```

图 2-13 为该示例文档（ordered.html）的显示效果。

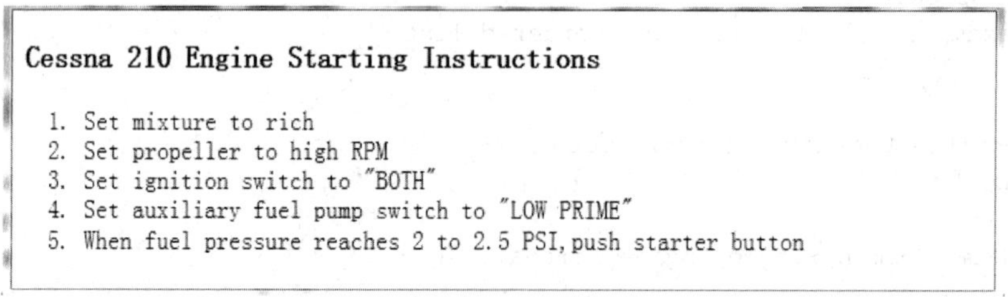

Cessna 210 Engine Starting Instructions

1. Set mixture to rich
2. Set propeller to high RPM
3. Set ignition switch to "BOTH"
4. Set auxiliary fuel pump switch to "LOW PRIME"
5. When fuel pressure reaches 2 to 2.5 PSI,push starter button

图 2-13　ordered.html 的显示效果

正如前面所提到的，列表可以嵌套。但是，列表不可以直接嵌套。也就是说，一个<ol>标签不能紧跟在另一个<ol>标签之后。并且，嵌套的列表必须作为标签<li>的内容出现。清单 2.9 示范了一个嵌套的有序列表：

清单 2.9
```html
<!--nested.html
    An example to illustrate nested lists
    -->
<html>
 <head><title>Nested list</title>
 </head>
 <body>
   <h3>Aircraft Types </h3>
   <ol>
    <li>General Aviation (piston-driven engines)
      <ol>
      <li> Single-Engine Aircraft
         <ol>
          <li>Tail wheel</li>
          <li>Tricycle</li>
      </ol><br/>
      </li>
      <li> Dual-Engine Aircraft
         <ol>
           <li>Wing-mounted engines</li>
        <li>Push-pull fuselage-mounted engines</li>
```

```html
            </ol>
          </li>
        </ol><br/>
      </li>
      <li> Commercial Aviation (jet engines)
        <ol>
          <li> Dual-Engine
            <ol>
              <li>Wing-mounted engines</li>
              <li>Fuselage-mounted engines</li>
            </ol><br/>
          </li>
          <li> Tri-Engine
            <ol>
              <li>Third engine in vertical stabilizer</li>
              <li>Third engine in fuselage</li>
            </ol>
          </li>
        </ol>
      </li>
    </ol>
  </body>
</html>
```

图 2-14 为示例文档（nested_lists.html）的显示效果。

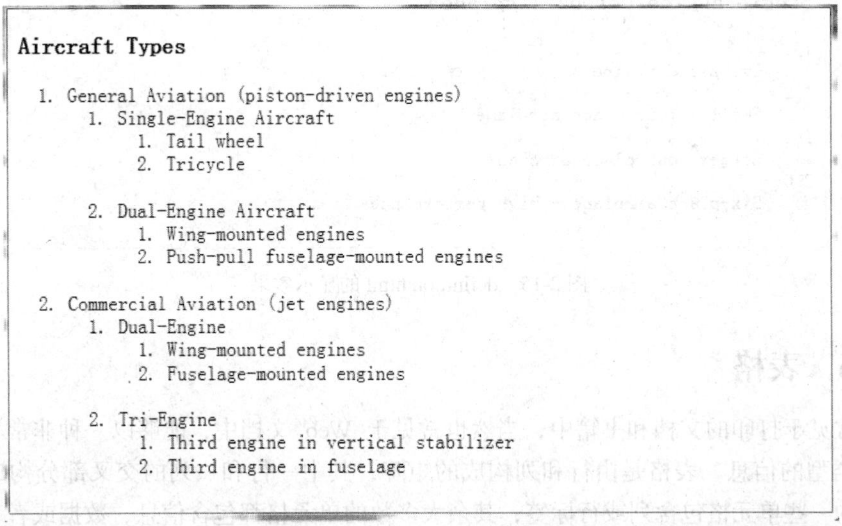

图 2-14 nested_lists.html 的显示效果

文件 nested_lists.html 使用了嵌套的有序列表。除了不能直接嵌套之外，在列表嵌套方面再没有其他的限制条件。例如，有序列表可以嵌套在无序列表中，反之亦然。

3. 定义列表

顾名思义，定义列表是一种用于指定项目及其定义的列表，如词汇表。定义列表是通过块标签<dl>的内容来指定的。定义列表中待定义的每一个项目都作为标签<dt>的内容来指定。而定义本身则是作为标签<dd>的内容指定的。定义列表中定义的项目通常显示在左边缘；而定义通常成行地显示或位于项目下方的多行，且都缩进显示。参见如下示例：

清单 2.10
```
<!--definition.html
    An example to illustrate definition lists
    -->
<html>
 <head><title>Definition lists</title>
 </head>
 <body>
   <h3> Single-Engine Cessna Airplanes </h3>
   <dl>
     <dt> 152 </dt>
     <dd> Two-place trainer </dd>
     <dt> 172 </dt>
     <dd> Smaller four-place airplane </dd>
     <dt> 182 </dt>
     <dd> Larger four-place airplane </dd>
     <dt> 210 </dt>
     <dd> Six-place airplane - high performance </dd>
   </dl>
 </body>
</html>
```
图 2-15 展示了该示例文档（definition.html）的显示效果。

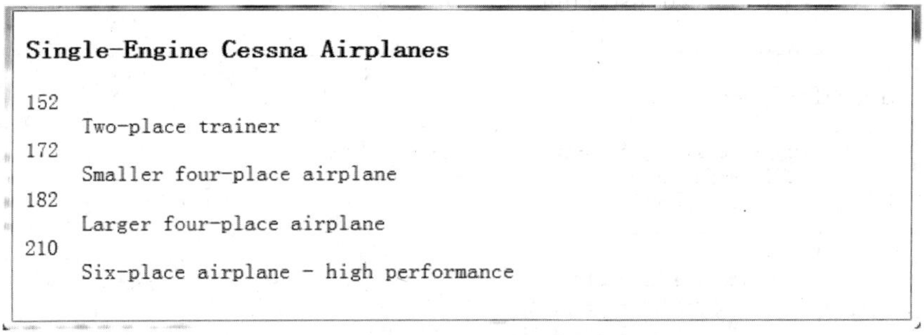

图 2-15　definition.html 的显示效果

2.1.6　表格

表格常见于打印的文档和书籍中，当然也常见于 Web 文档中，能够以一种非常易读的方式呈现多种类型的信息。表格是由行和列构成的矩阵，其中一行和一列的交叉部分构成一个单元格。其中的一些单元格包含列或行标签；其余大多数的单元格都包含信息、数据或者表格。单元格中的信息几乎可以是任何一种文档元素，包括文本、标题、水平线、图片以及嵌套的表格。

1．基本的表格标签

表格是作为块标签<table>的内容指定的。标签<table>中最常用的属性是 border。没有指定属性 border 的表格，将是一个既没有水平分割线也没有垂直分割线的单元格矩阵。浏览器为表格的边框设定了一个默认的宽度值，当属性 border 的值为"border"时，就表示表格的宽度采用这一默认值。否则，需要为 border 指定一个属性值，该值以像素为单位指定边框的宽度。例如，border="3"表示将边框的宽度设定为 3 个像素。所有的表格边框都是以带斜面的三维外观进行显示的，虽然相对于较窄的边框宽度来说，这种带斜面的三维效果并不明显。

大多数情况下，表格是与标题一起显示的，标题作为标签<caption>的内容来指定，该标签可以紧跟在标签<table>之后。表格中的单元格是一行一行指定的。表格通常包含列标签和行标签。表格中的每一行通过行标签<tr>来指定，每一行中，行标签通过表头标签<th>来指定。虽然标签<th>的名称中隐含标题（heading）一词，但仍称之为标签（label），以免同<hx>标签创建的标题相混淆。每一行的数据单元格通过表格数据标签<td>来指定。表格的首行通常指定了表格的列标签。例如，如果一个表格具有三个数据列，列标题分别为 Apple、Orange 以及 Screwdriver，那么该表格的首行可以按照如下方式进行指定：

```
<tr>
  <th> Apple </th>
  <th> Orange </th>
  <th> Screwdriver </th>
</tr>
```

表格中的每一数据行都通过一个标题标签和针对每一数据列的数据标签来指定。比如，工作进度表的首个数据行可以按照如下方式进行指定：

```
<tr>
  <th> Breakfast </th>
  <td> 0 </td>
  <td> 1 </td>
  <td> 0 </td>
</tr>
```

在既有行标签又有列标签的表格中，其左上角的单元格通常是空的。这个空的单元格由不包含任何内容的表头标签来指定（或者为<th></th>，或者为<th />）。下面是一个完整的表格文档示例：

清单 2.11
```
<html>
 <head><title>A simple table</title>
 </head>
 <body>
   <table border = "border">
     <caption> Fruit Juice Drinks </caption>
     <tr>
      <th></th>
      <th> Apple </th>
      <th> Orange </th>
      <th> Screwdriver </th>
     </tr>
     <tr>
      <th> Breakfast </th>
      <td> 0 </td>
      <td> 1 </td>
      <td> 0 </td>
     </tr>
     <tr>
      <th> Lunch </th>
      <td> 1 </td>
      <td> 0 </td>
      <td> 0 </td>
     </tr>
     <tr>
      <th> Dinner </th>
      <td> 0 </td>
```

```
        <td> 0 </td>
        <td> 1 </td>
      </tr>
    </table>
  </body>
</html>
```

图 2-16 为该表格的显示效果。

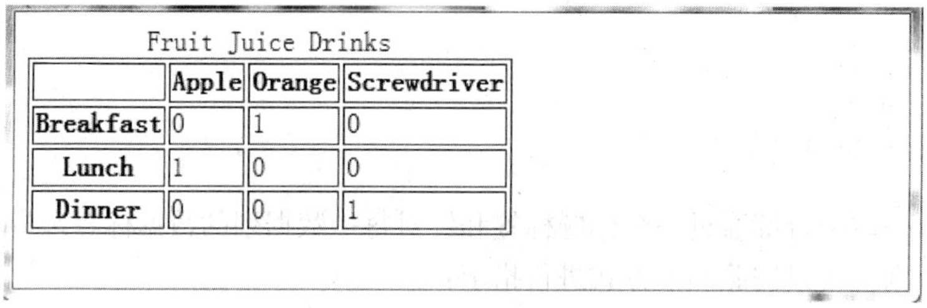
Fruit Juice Drinks

	Apple	Orange	Screwdriver
Breakfast	0	1	0
Lunch	1	0	0
Dinner	0	0	1

图 2-16　表格的显示效果

2. 属性 rowspan 与 colspan

很多情况下，表格具有多级行标签或列标签，其中，一个标签覆盖了两个或多个二级标签。例如，如图 2-17 中的表格片断所示，该表格中，较高层次的标签“Fruit Juice Drinks”横跨了三个较低层次的标签单元格。多级标签可通过属性 rowspan 与 colspan 来指定。

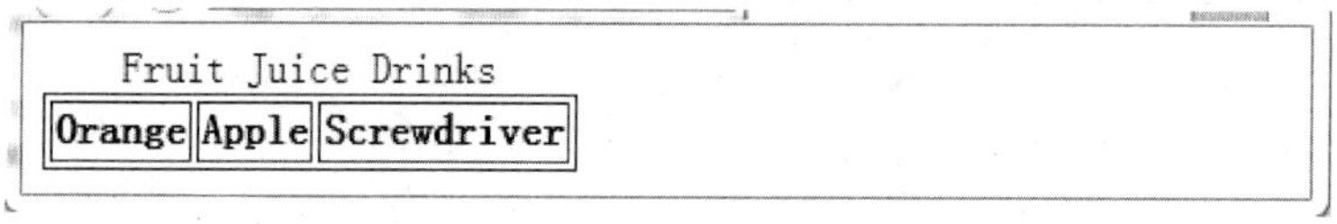
Fruit Juice Drinks		
Orange	Apple	Screwdriver

图 2-17　两级列标签显示效果

属性 colspan 是在表头或表格数据标签中指定的。该属性命令浏览器将所在单元格的宽度扩展为等于下方行中指定数量的单元格宽度。因此，对于上面的示例，可以使用如下代码：

```
<tr>
    <th colspan = "3"> Fruit Juice Drinks </th>
</tr>
<tr>
    <th> Orange </th>
    <th> Apple </th>
    <th> Screwdriver </th>
</tr>
```

如果扩展单元格的上一行或者下一行的单元格数目小于属性 colspan 指定的值，那么浏览器将会把这些单元格的数目扩展到指定的数目，并为表格增加相应的列。表头标签和表格数据标签中属性 rowspan 的作用与属性 colspan 类似。

一个具有两级列标签和行标签的表格，其左上角的单元格必须是空白的，这个单元格既跨越了列标签中的多行，又跨越了多列。这样的单元格是通过属性 rowspan 和 colspan 共同指定的。参见清单 2.12 的表格说明，它是通过对前面的表格（即文档 table.html 产生的表格）进行了一些小的修改而得到的。

清单 2.12

```
<html>
 <head><title>Rowspan and colspan</title>
```

```html
    </head>
    <body>
<table border = "border">
  <caption> Fruit Juice Drinks and Meals </caption>
  <tr>
    <td rowspan = "2"></td>
    <th colspan = "3"> Fruit Juice Drinks </th>
  </tr>
  <tr>
    <th> Apple </th>
    <th> Orange </th>
    <th> Screwdriver </th>
  </tr>
  <tr>
    <th> Breakfast </th>
    <td> 0 </td>
    <td> 1 </td>
    <td> 0 </td>
  </tr>
  <tr>
    <th> Lunch </th>
    <td> 1 </td>
    <td> 0 </td>
    <td> 0 </td>
  </tr>
  <tr>
    <th> Dinner </th>
    <td> 0 </td>
    <td> 0 </td>
    <td> 1 </td>
  </tr>
</table>
</body>
</html>
```

图 2-18 所示为示例文档 cell_span.html 的显示效果。

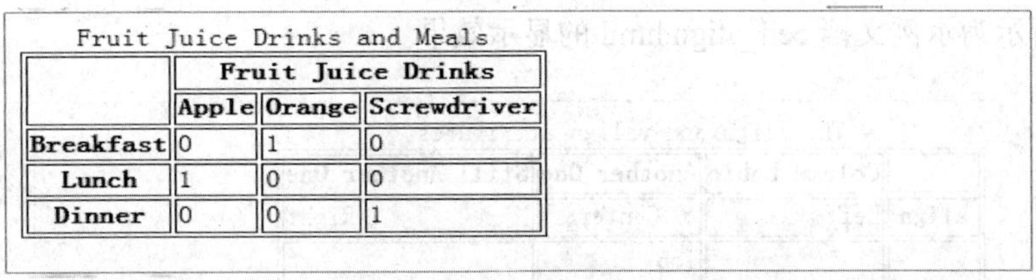

Fruit Juice Drinks and Meals			
	Fruit Juice Drinks		
	Apple	Orange	Screwdriver
Breakfast	0	1	0
Lunch	1	0	0
Dinner	0	0	1

图 2-18 多级列标签和多级行标签的显示效果

3. 属性 align 与 valign

表格单元格中内容的布局格式是通过标签<tr>、<th>以及<td>中的属性 align 和 valign 指定的。属性 align 的可能取值为 left、right 以及 center。很明显，它用于控制单元格中内容在水平方向上的对齐方式。标题的默认对齐方式为 center；数据的默认对齐方式则是 left。如果在标签<tr>中指定 align 属性，它将作用于该行中的所有单元格。如果仅在标签<th>或<td>中包含 align 属性，那么它将只作用于对应的单元格。

标签<th>和<td>中，属性 valign 的取值可以为 top 或 bottom。表格标题和数据默认的垂直对齐方式都是 center。因为属性 valign 仅作用于单个单元格，因此，在属性 valign 取值为 center 时，表格标题和数据的垂直对齐方式不会有任何变化。清单 2.13 示范了属性 align 与 valign 的用法：

清单 2.13

```
<!--cell_align.html
    An example to illustrate align and valign
    -->
<html>
 <head><title>Alignment in cells</title>
 </head>
 <body>
   <table border = "border">
     <caption> The align and valign attributes </caption>
     <tr align = "center">
       <th></th>
       <th> Column Lable </th>
       <th> Another One </th>
       <th> Still Another One </th>
     </tr>
     <tr>
       <th> align </th>
       <td align = "left"> Left </td>
       <td align = "center"> Center </td>
       <td align = "right"> Right </td>
     </tr>
     <tr>
       <th> <br/> valign <br/> <br/> </th>
       <td> Default </td>
       <td valign = "top"> Top </td>
       <td valign = "bottom"> Bottom </td>
     </tr>
   </table>
 </body>
</html>
```

图 2-19 所示为示例文档 cell_align.html 的显示效果。

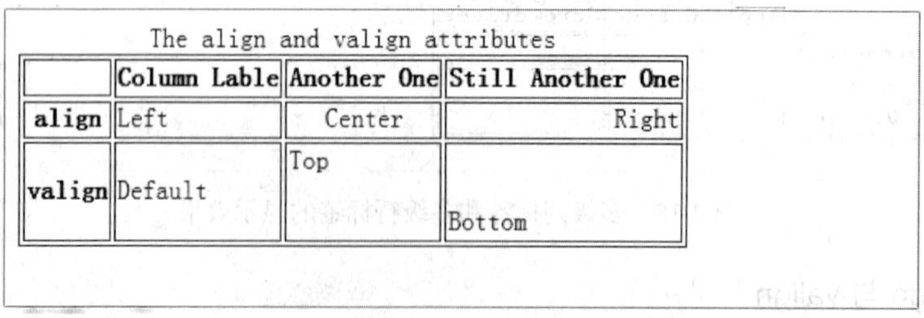
The align and valign attributes

	Column Lable	Another One	Still Another One
align	Left	Center	Right
valign	Default	Top	Bottom

图 2-19 cell_align.html 的显示效果（align 和 valign 属性）

4. 属性 cellpadding 与 cellspacing

表格标签有两个属性可用来指定表格单元格内容与单元格边框之间的距离以及同邻近的单元格之间的间距。属性 cellpadding 可用于指定表格单元格内容与单元格内边框之间的间距。这常用于防止单元格中的文本过于接近单元格的边框。属性 cellspacing 用来指定表格单元格之间的距离。

清单2.14 space_pad.html 示范了属性 cellpadding 与 cellspacing 的用法：

清单2.14

```
<!--space_pad.html
    An example to illustrate the cellspacing and
    cellpadding table attributes
    -->
<html xmlns="http://www.w3.org/1999/xhtml">
 <head><title>Cell spacing and cell padding</title>
 </head>
 <body>
   <b>Table 1 (space = 10, pad = 30) </b><br/><br/>
   <table border = "5" cellspacing = "10" cellpadding = "30">
     <tr>
       <td>Small spacing,</td>
       <td>large padding </td>
     </tr>
   </table>
   <br/><br/><br/><br/>
   <b>Table 2 (space = 30, pad = 10) </b><br/><br/>
   <table border = "5" cellspacing = "30" cellpadding = "10">
     <tr>
       <td>Large spacing,</td>
       <td>small padding </td>
     </tr>
   </table>
 </body>
</html>
```

图 2-20 展示了示例文档 space_pad.html 的显示效果。

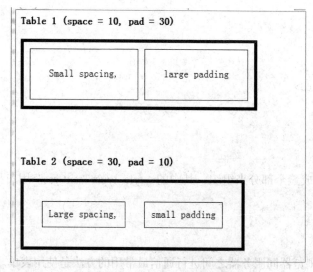

图 2-20 space_pad.html 的显示效果

5. 表格分块

可以很自然地将表格分为两个部分，有时候也可能是三个部分：表头、主体以及表尾（并非所有的表格都有表尾）。在 HTML 中，这三部分可分别用 thead、tbody 以及 tfoot 元素表示。表头包括列标签，而不管这些标签有多少级。主体部分包括表格的数据以及行标签。如果有表尾，那么表尾一般出现在主体之后，重复包含了列标签。在某些表格中，表尾包含了主体中列数据的总和。一个表格可以拥有多个主体部分，在这种情况下，浏览器将使用水平线来对它们进行界定，这些水平线比主体部分中用来界定行的水平线要粗。例如，参见清单2.15：

清单2.15
```
<html>
<head>
<style type="text/css">
    thead {color:green}
    tbody {color:blue;height:50px}
    tfoot {color:red}
</style>
</head>
<body>
<table border="1">
  <thead>
    <tr>
      <th>Month</th>
      <th>Savings</th>
    </tr>
  </thead>
  <tbody>
    <tr>
      <td>January</td>
      <td>$100</td>
    </tr>
    <tr>
      <td>February</td>
      <td>$80</td>
    </tr>
  </tbody>
  <tfoot>
    <tr>
      <td>Sum</td>
      <td>$180</td>
    </tr>
  </tfoot>
</table>
</body>
</html>
```

该程序将表格分成三个部分来组织，其中的<style type="text/css">用户指定样式表，将在后面的小节中介绍。

2.1.7 表单

用户通过Web浏览器同服务器之间进行通信最常用的方法是使用表单。HTML提供了一些标签以生成屏幕表单中最常用的对象。这些对象称为控件或者部件。HTML中定义了很多控件，包括单行和多行文本框、复选框、单选按钮以及菜单等。所有的控件标签都是行内标签。大多数控件都是以文本框或者按钮选择的形式来收集用户的信息。每一个控件都有一个值，该值通常是由用户输入给出的。一个表单中所有（有值的）控件的值称为表单数据。每一个表单都需要一个提交（Submit）按钮。当用户单击提交按钮时，表单数据将被编码并发送到Web服务器进行处理。

1. <form>标签

一个表单中的所有组件都必须在标签<form>的内容中指定。<form>标签是一个块标签，它有多个不同的属性，但只有属性 action 是必须的。属性 action 指定了当用户单击提交按钮时，将调用 Web 服务器中应用程序的 URL。

本章中，所有有关表单元素的示例都没有相应的应用程序，因此，它们的 action 属性的值都将置为空字符串（""）。第 6 章至第 7 章中将讨论一些创建表单处理程序的方法。

标签<form>中，属性 method 的取值可以为 get 和 post 两种方法中的一种，用来向服务器发送表单数据。默认情况下取值为 get，所以，如果<form>标签中没有指定属性 method，那么将使用 get 方法来传递数据。另一种可选方法是 post。但无论采用哪种方法，当用户单击提交按钮时，表单数据都会被编码成文本字符串的形式。get 和 post 技术将在第 6 章进行深入讨论。

2. <input>标签

许多常用的控件都通过行内标签<input>来指定。该标签可以指定文本、密码、复选框、单选按钮以及提交（Submit）、重置（Reset）这些特殊按钮。对于本节中讨论的所有控件，标签<input>中必须要使用的一个属性是 type。该属性用于指定控件的类型。控件的类型就是 type 的名称，如 checkbox（复选框）。所有前面列出的控件，除了提交和重置按钮，都还需要 name 属性，该属性值将成为表单数据中控件的值的名称。复选框控件和单选按钮控件还需要指定属性 value，用来初始化控件的值。

通常称文本控件为文本框，该控件能够创建一个可供用户在其中输入单行文本的水平框。文本框通常用于收集用户信息，如用户名或地址。文本框的默认长度一般为 20 个字符。由于默认长度可能会随着浏览器不同而不同，因此，最好是在每一个文本框中包含一个长度属性。这可以通过标签<input>中的属性 size 来实现。如果用户输入的字符长度超出了文本框的空间，文本框则出现滚动条。如果不想让文本框出现滚动条，可以在标签<input>中添加 maxlength 属性，该属性指定了浏览器允许文本框能够接受的字符的最大数目，其余多余的字符将被忽略。例如，参见如下文本框示例：

```
<form action = " ">
  <p>
    <input  type = "text"  name = "Name"  size = "25" />
  </p>
</form>
```

如果用户输入如下一行字符：

Alfred Paul von Frickenburger

文本框将接收整个字符串，但是，整个字符串将向右滚动，文本框中显示的是：

ed Paul von Frickenburger

注意到，控件不能直接出现在表单内容中——必须放置到某个块容器中，通常是放到某个段落中。

接下来考虑一个与上面类似的文本框，但它包含了一个 maxlength 属性：

```
<form action = " ">
  <p>
    <input  type = "text"  name = "Name"  size = "25"  maxlength = "25" />
  </p>
</form>
```

如果用户输入了与前面的例子中相同的名称字符串，那么文本框 Name 的值将如下所示：

Alfred Paul von Frickenbu

不管我们在字母 u 之后输入什么字符，文本框的 Name 值都将如其所显示的一样。

如果想要使用户在文本框中输入字符时，不显示输入的内容，就要用到密码控件。例如：

`<input type = "password" name = "myPassword" size = "10" maxlength = "10" />`

不管在密码控件中输入什么字符，浏览器都将只显示圆点或星号。

文本框中输入的字符没有任何限制。例如，字符串"?!34,:"就可以输入文本框中作为名称。因此，文本框中输入的内容几乎总是需要进行验证，这种验证过程可以通过浏览器完成，也可以通过处理表单数据的服务器完成。

复选框和单选按钮控件用于收集用户的多重选择输入。复选框控件是一个要么处于开（on）状态，要么处于关（off）状态（开关表示选中与否）的按钮。如果一个复选按钮处于选中状态，与该按钮名称相关的值就是指派给属性 value 的字符串。如果复选按钮未处于选中状态，表单数据中将没有它的相关信息。每一个复选框对应的<input>标签中都必须有属性 name 和 value。对于服务器中的表单处理来说，属性 name 的值用于识别复选按钮，而属性 value 的值就是该按钮值（如果该按钮被选中）。如果属性 checked 的值为"checked"，即表示这个复选按钮初始状态处于被选中状态。很多情况下，多个复选按钮是以列表的形式出现的，并且每个按钮都有相同的名称。标签<input>的内容出现在复选框按钮的后面，就好像一个标签。参见清单 2.16：

清单 2.16

```
<!--checkbox.html
    An example to illustrate a checkbox
    -->
<html>
 <head><title>Checkboxes</title>
 </head>
 <body>
  <p>
    Grocery Checklist
  </p>
  <form action = " ">
   <p>
    <input type = "checkbox" name = "groceries"
         value = "milk" checked = "checked" /> Milk
    <input type = "checkbox" name = "groceries"
         value = "bread" /> Bread
    <input type = "checkbox" name = "groceries"
         value = "eggs" /> Eggs
   </p>
  </form>
 </body>
</html>
```

图 2-21 所示为 checkbox.html 的显示效果。

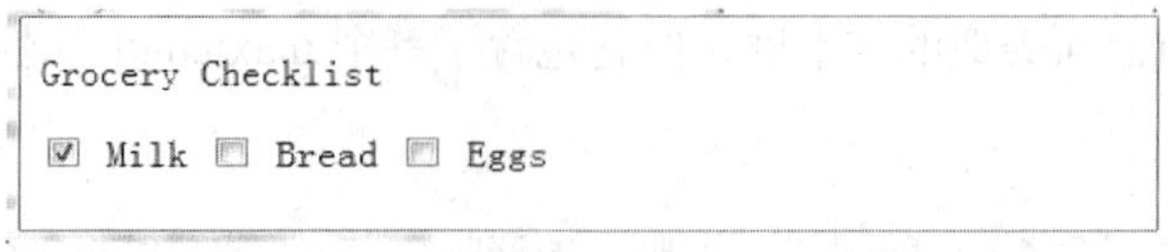

图 2-21 checkbox.html 的显示效果

如果用户未选中这些复选按钮中的任何一个，那么在表单数据中，groceries 的值是 milk。如果 milk 复选框仍处于选中状态，而用户又选中了 eggs 复选框，那么在表单数据中，groceries 的值将是 milk 和 eggs。

单选按钮与复选按钮类似。一组单选按钮与一组复选按钮之间的区别在于每次只能选中或者按下一个单选按钮。每次按下一个单选按钮时，这组按钮中原来处于选中状态的按钮就将变成非选中状态。单选按钮（radio button）这个名称来源于 20 世纪 50 年代的车载收音机（radio）上的机械式按钮——当按下这种收音机上的某个按钮时，原来处于按下状态的按钮就自动弹起。单选按钮的 type 属性的值为 "radio"。同一组中所有的单选按钮都必须在标签<input>中设置 name 属性，且都使用相同的名称。在定义单选按钮时，可能需要指定哪一个按钮在初始条件下处于选中状态或者已经按下。这是在按钮的定义过程中，通过在标签 input 中包含属性 checked，并将其值设置为 "checked" 来完成的。如果一组单选按钮中没有一个被设定为选中状态，那么浏览器通常会将这组单选按钮中的第一个设为选中状态。参见清单 2.17：

清单 2.17
```
<!--radio.html
    An example to illustrate radio buttons
    -->
<html>
 <head><title>Radio</title>
 </head>
 <body>
  <p>
    Age Category
  </p>
  <form action = "handler ">
    <p>
      <input type = "radio" name = "age" value = "under20"
          checked = "checked" /> 0-19
      <input type = "radio" name = "age" value = "20-35" />
       20-35
      <input type = "radio" name = "age"  value = "36-50"  />
       36-50
      <input type = "radio" name = "age"  value = "over50"  />
       Over 50
    </p>
  </form>
 </body>
</html>
```
图 2-22 展示了该示例文档（radio.html）的显示效果。

图 2-22　radio.html 的显示效果

3. <select>标签

复选框和单选按钮是收集用户多重选择数据的有效方式。但是，如果可能选择的数目较大，那么表单就会变得太长而难以显示。在这种情况下，就需要使用菜单。菜单通过标签<select>来指定。有两种菜单类型：一次只能选择一个菜单项的菜单（功能类似于单选按钮）和一次可以选择多个菜单项的菜单，功能类似于复选框。默认情况下选择前者，即功能类似于单选按钮的菜单。后者可通过在标签<select>中添加属性 multiple，并将其属性值设置为"multiple"来指定。当只选中一个菜单项时，提交给表单数据的值为标签<select>中属性 name 的值和选择的菜单项。如果选中的是多个菜单项，那么表单数据中的菜单值将包括所有选中的菜单项。如果没有菜单项被选中，那么表单数据中将不包含任何有关菜单的值。当然，在标签<select>中必须要有 name 属性。

标签<select>中也可以包含属性 size。该属性指定了为用户显示的菜单项的数目。如果未指定 size 属性，将使用默认值 1。如果属性 size 的值为 1 且未指定属性 multiple，那么将只显示一个带有向下滚动箭头的菜单项。单击滚动箭头，则菜单将作为弹出式菜单显示。如果指定了属性 multiple，或者属性 size 的值大于 1，那么菜单通常作为一个滚动列表显示。

菜单中的每一项都通过标签<option>指定，该标签嵌套在<select>元素中。标签<option>的内容即为菜单项的值，它只能是文本（不能包含其他标签）。标签<option>中可包含属性 selected，用来指定某个菜单项已被预先选中。指派给属性 selected 的值是"selected"。用户可以修改预选中的值。清单 2.18 示范了 size 属性值为默认值 1 时的菜单：

清单 2.18
```
<!--menu.html
    An example to illustrate menus
    -->
<html>
 <head><title>Menu</title>
 </head>
 <body>
   <p>
     Grocery Menu - milk, bread, eggs, cheese
   </p>
   <form action = " ">
     <p>
      With size = 1 (the default)
      <select name = "groceries">
        <option> milk </option>
        <option> bread </option>
        <option> eggs </option>
        <option> cheese </option>
      </select>
     </p>
   </form>
 </body>
</html>
```

图 2-23 为示例文档 menu.html 的显示效果。图 2-24 为单击滚动箭头后 menu.html 的显示效果。图 2-25 为 size 属性的值为 2 时 menu.html 的显示效果。

```
Grocery Menu - milk, bread, eggs, cheese
With size = 1 (the default)  milk  ▼
```

图 2-23　menu.html 的显示效果（size 为默认值 1）

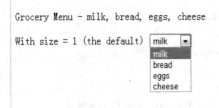

图 2-24 单击滚动箭头后 menu.html 的显示效果

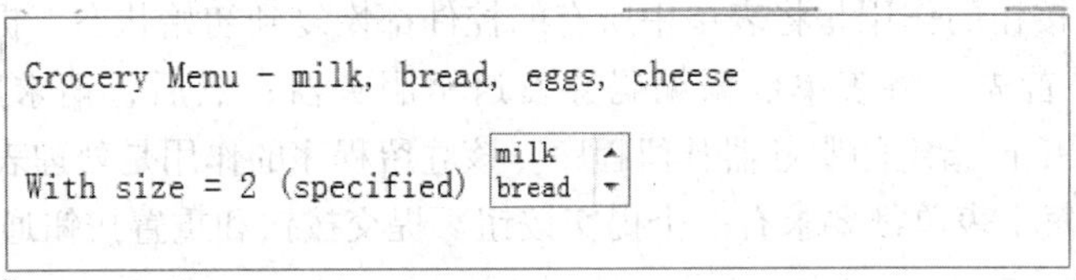

图 2-25 menu.html 的显示效果（size=2）

如果指定了标签<select>中的属性 multiple，那么当鼠标左键保持按下状态，并将鼠标光标在菜单上面拖动时，则会选中相邻的多个选项。若要选择多个非相邻的选项，可以按住键盘上的 Ctrl 键，然后一个个地单击需要选中的选项即可。

4. <textarea>标签

有些情况下，需要一个能够输入多行文本的区域。标签<textarea>即用来创建这样的控件。由<textarea>创建的区域对输入的文本长度没有任何限制，并且该区域在垂直和水平方向上都隐含有滚动条。文本区域中可见的文本部分的默认大小通常非常小，因此标签<textarea>中通常需要包含属性 rows 和 cols，并为这两个属性设定合理的值。如果文本区域中需要包含一些默认的文本，则可将其作为<textarea>元素的内容包含进来。清单 2.19 描述了一个文本区域，该区域的宽度为 40 列，高度为 3 行。

清单 2.19
```
<!--textarea.html
    An example to illustrate a textarea
  -->
<html xmlns = "http://www.w3.org/1999/xhtml">
 <head><title>Textarea</title>
 </head>
 <body>
   <p>
    Please provide your employment aspirations
   </p>
   <form action = "handler ">
    <p>
      <textarea name = "aspirations" rows = "3" cols = "40">
        (Be brief and concise)
      </textarea>
    </p>
   </form>
 </body>
</html>
```
图 2-26 为输入了某些文本之后，示例文档 textarea.html 的显示效果。

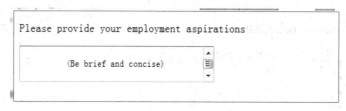

图 2-26　包含文本的 textarea.html 的显示效果

5. 提交和重置按钮

重置（Reset）按钮的作用是将表单中所有的控件都恢复到初始状态。提交（Submit）按钮的作用分为两步：首先，将表单数据编码并发送至服务器；然后，请求服务器执行由标签 <form> 中的属性 action 指定的服务器驻留程序。该驻留程序的作用是处理表单数据并为用户返回一些响应信息。每个表单都要求有一个提交按钮。提交按钮和重置按钮通过标签 <input> 来创建，如下所示：

```
<form action = "">
   <p>
     <input type = "submit" value = "Submit Form" />
     <input type = "reset" value = "Reset Form" />
   </p>
</form>
```

图 2-27 所示为提交按钮和重置按钮的显示效果。

图 2-27　提交按钮和重置按钮显示效果

6. 一个完整的表单示例

清单 2.20 描述了一个用于销售爆米花的订货单。表单顶部的三个文本框用来收集购买者的姓名和地址。它们被放在一个没有边框的表格中，这样可以使文本框在垂直方向上对齐。第二个表格用来收集实际的订货信息。该表格中的每一行都通过<td>标签的内容来命名一个产品，在另一个<td>标签中显示对应产品的价格，并利用一个属性 size 值为 2 的文本框来收集订货数量。支付方法由用户在 4 个单选按钮中选择一个来确定。

清单 2.20

```
<!--popcorn.html
   This describes popcorn sales form page
   -->
<html>
 <head><title>Popcorn Sales Form</title>
 </head>
 <body>
   <form action = "http://cs.ucp.edu/cgi-bin/sebesta/popcorn.php"
       method = "post">
     <h2> Welcome to Millennium Gymnastics Booster Club Popcorn
        Sales
     </h2>
<!-- A borderless table of text widgets for name and address -->
     <table>
```

```html
         <tr>
           <td> Buyer's Name: </td>
           <td> <input type = "text" name = "name"
                   size = "30" /> </td>
         </tr>
         <tr>
          <td> Street Address: </td>
           <td> <input type = "text" name = "street"
                   size = "30" /> </td>
         </tr>
         <tr>
          <td> City, State, Zip: </td>
           <td> <input type = "text" name = "city"
                   size = "30" /> </td>
         </tr>
       </table>
       <p/>
<! --A bordered table for item orders -->
      <table border = "border">
<!-- First, the column headings -->
        <tr>
         <th> Product Name </th>
         <th> Price </th>
         <th> Quantity </th>
        </tr>
<!-- Now, the table data entries -->
        <tr>
         <th> Unpopped Popcorn (1 lb.) </th>
         <td> $3.00 </td>
         <td><input type = "text" name = "unpop"
                   size = "2" /> </td>
        </tr>
        <tr>
         <th> Caramel Popcorn (2 lb. canister) </th>
         <td> $3.50 </td>
         <td><input type = "text" name = "caramel"
                   size = "2" /> </td>
        </tr>
        <tr>
         <th> Caramel Nut Popcorn (2 lb. canister) </th>
         <td> $4.50 </td>
         <td><input type = "text" name = "caramelnut"
                   size = "2" /> </td>
        </tr>
        <tr>
         <th> Toffey Nut Popcorn (2 lb. canister) </th>
         <td> $5.00 </td>
         <td><input type = "text" name = "toffeynut"
                   size = "2" /> </td>
        </tr>
      </table>
<!-- The radio buttons for the payment method -->
       <h3> Payment Method: </h3>
       <p>
         <input type = "radio" name = "payment" value = "visa"
```

```
                          checked = "checked" /> Visa
       <input type = "radio" name = "payment" value = "mc"/>
         Master Card
       <input type = "radio" name = "payment" value = "discover" />
         Discover
       <input type = "radio" name = "payment" value = "check" />
         Check <br/>
     </p>

<!-- The submit and reset buttons -->
     <p>
       <input type = "submit" value = "Submit Order"/>
       <input type = "reset"  value = "Clear Order Form" />
     </p>
   </form>
 </body>
</html>
```

图 2-28 为示例文档 popcorn.html 的显示效果。

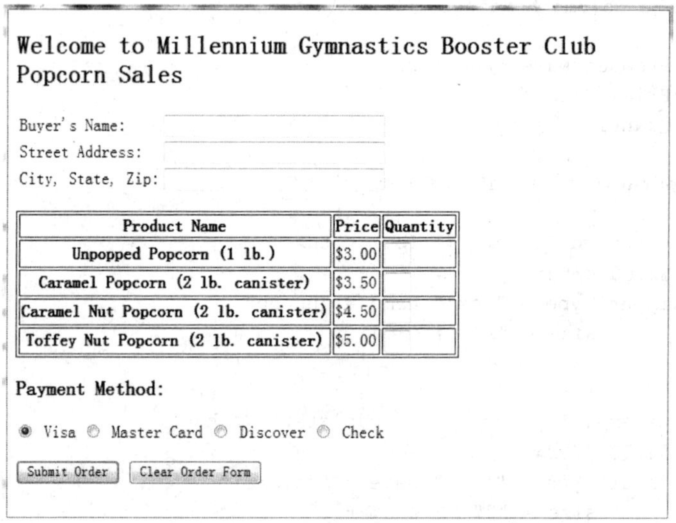

图 2-28　popcorn.html 的显示效果

2.2 层叠样式表简介

层叠样式表（Cascading Style Sheet，CSS）从技术上讲是一种格式化网页的标准方法，它扩展了 HTML 的功能，使网页设计者能够以更有效的方式设置网页格式。

2.2.1 样式表分类

层叠样式表可以分为三种：内联式样式表、嵌入式样式表和通过连接或者导入方式使用的外部样式表。

1. 内联式样式表

内联式样式表是在现有 HTML 元素的基础上，用 style 属性把特殊的样式直接加入那些控信息的标记中，比如下面的例子：
```
<p style="color: #ff0000">内联式样式表</p>
```
这种样式表只会对使用它的元素起作用，而不会影响 HTML 文档中的其他元素。也正因为如此，内联式样式表通常用在需要特殊格式的某个网页对象上。

2. 嵌入式样式表

嵌入式样式表通常包含在 HTML 文档的头部，即 HEAD 元素中，并且有一个专门的元素 style 来标记这种样式表。它的书写格式通常为：
```
<style type="text/css">
    p{color:red;font-weight:bold}
</style>
```
在这个格式中，style 元素的 type 属性必须设为"text/css"，表示定义的是一个层叠样式表。这样一来，当不支持层叠样式表的浏览器读到这个属性时，会自动忽略这个样式表。清单 2.21 是一个前文中包含的嵌入式样式表的例子。

清单 2.21
```
<html>
<head>
<style type="text/css">
    thead {color:green}
    tbody {color:blue;height:50px}
    tfoot {color:red}
</style>
</head>
<body>
….
</body>
</html>
```

3. 外部样式表

外部样式表是指将样式表作为一个独立的文件保存在计算机上，这个文件以".css"作为文件的扩展名。样式在样式表文件中定义和在嵌入式样式表中的定义是一样的，只是不再需要 style 标记。使用外部样式表有两种方式：

（1）链入外部样式表

是把样式表保存为一个 CSS 文件，在 HTML 的头信息标识符< head>里添加<link>标记链接到这个 CSS 文件即可使用。
```
<link type="text/css" rel="stylesheet" href="外部样式表的文件名">
```
例如：
```
<head>
    <title>文档标题</title>
    <link rel=stylesheet href="note.css" type="text/css" media=screen>
</head>
```
其中 media 属性用于指定样式表被接受的介质或媒体，值有：screen（屏幕）、print（打印机）、projection（投影机）、aural（扬声器）、all（所有输出设备）。

（2）导入外部样式表

是指在 HTML 文件头部的<style> …</style>标记之间，利用 CSS 的@import 声明引入外部样式表，例如：

```
<head>
<title>文档标题</title>
<style type="text/css">
        @import url(note1.css);
   </style>
</head>
```

外部样式表不能含有任何像<head>或<style>这样的标记，样式表仅由样式规则或声明组成。

2.2.2 样式表的规则

一个样式表由多条规则组成，每条规则占一行。每条规则由选择器和一条（或多条）声明组成，格式为：

`selector {declaration1; declaration2; ... declarationN }`

选择器通常是您需要改变样式的 HTML 元素。每条声明由一个属性和一个值组成。属性（property）是您希望设置的样式属性（style attribute）。每个属性有一个值。属性和值被冒号分开。因此每条规则的格式如下所示：

`selector{property1:vaIue1;property2;value2;……}`

例如：`h1{font-family:楷体;text-align:center}`

其中 h1 是选择器，"font- family:楷体;text-align:center" 是声明。在声明中，font-family 和 text-align 是属性，楷体和 center 是相应的属性值。如果属性值是多个单词组成，则属性值要加引号，例如：

`p{font-family: "Times New"}`

在定义样式的时候，有很多不同的元素需要使用相同的样式。此时没有必要逐一定义样式规则，可以将它们组合，并用逗号将各个声明隔开即可，如：

`h1, h2, p{ font-family:楷体_gb2312;text-align:center }`

这样定义之后，在页面中所有使用 h1、h2 和 p 的对象都具有相同的显示方式。

1. HTML 标记符选择器

HTML 标记符是最典型的选择器类型。例如，下例中的标记选择器是<h1>标记，即：

```
h1{
    font-size: 36px;
    font-family: "隶书";
    font-weight: bold;
    color: #993366;
}
```

2. 具有上下文关系的 HTML 标记符选择器

如果需要为位于某个标记符内的标记符设置特定的样式规则，则应将选择器指定为具有上下文关系的 HTML 标记符。例如，如果只想使位于 h2 标记符内的 b 标记符具有特定的属性，则应使用以下格式：

`h2 b{color:blue}/*注意 h2 和 b 之间以空格分隔*/`

3. 用户定义的类选择器

可以使用类（class）来为单一 HTML 标记符创建多个样式，每个样式是一个类。要想将一个类包括到样式定义中，可将一个实心句点和一个类名称添加到选择器后，如下所示：

```
selector.classname{property:value;……}
```
如果需要在网页的三处使用 h1 标记符,每处的文本具有不同的颜色,此时可以定义以下类样式:
```
h1.color_red{coler:red}
h1.color_yellow{coler:yellow}
h1.color_blue{coler:blue}
```
在定义完成后,可以进行如下引用
```
<h1 class="color_red"> This is first headline! </h1>
```
实际上,不仅可以为某个或某些标记符定义类,还可以定义应用于所有标记符的类,称为通用类。此时直接用句点后跟类名即可,如下所示:
```
.classname{property:value;……}
```
例如:
```
.red{color:red}
```
在需要引用该类的任意标记符内使用 class 属性,以便所有引用该类的标记符都可以采用所定义的样式。在定义了以上的 red 类后,就可以用以下方式引用它:
```
<p class="red">本行文字为红色</p>
<h1 class="red">本标题为红色</h1>
```

4. 用户定义的 ID 选择器

当网页设计者想在整个网页或几个页面上多处以相同样式显示标记符时,除了可以使用.classname 的方式定义一个通用类样式以外,还可以使用 ID 定义样式。要将一个 ID 样式包括在样式定义中,用一个井号(#)作为 ID 名称的前缀,如下所示:
```
#IDname{property:value;……}
```
定义了 ID 样式后,需要在引用该样式的标记符内使用 id 属性。例如,可以定义一个 ID 样式如下:
```
#red{color:red}
```
然后可以在若干不同的 HTML 标记符中使用该样式规则,如下所示:
```
<p id="red">本行文字为红色。</p>
<h1 id="red">本标题红色。</h1>
```

2.2.3 样式表中的属性

1. 文字属性

文字属性主要包括字体属性(font-family)、字体风格(font-style)、字体变形(font-variant)、字体加粗(font-weight)、字号(font-size)、文本修饰(text-decroation)、大小写转换(text-tansform)等。

(1)字体属性
```
font-family:字体参数
```
例如:
```
p{font-family:幼圆,隶书,宋体}
.en{font-family: "Times New Roman", "Times", "serif";}
<p style="font-family: Times, TimesNR, 'New Century Schoolbook', Georgia, 'New York', serif;">...</p>
```
这里属性值用逗号分割,如果第一个字体系统中没有,就选择第二个字体,依次类推。

（2）字体风格

font-style 有三个属性值分别是 normal，italic 和 oblique，分别代表正常显示和倾斜显示，其中后两个属性值在浏览器上看很难区别。

例如：

```
.p1{font-style:normal}
.p2{font-style:italic}
.p3{font-style:oblique}
```

（3）字体变形

font-variant 包含两个值 normal 和 small-caps，分别代表正常字形和小型大写字母。

（4）字体加粗

font-weight 包含两个属性值 bold 和 normal。并且，font-weight 也可以用 100 到 900 的数值标记，其中 700 等价于 bold,400 等价于 normal。

（5）字号

`font-size：参数`

例如：font-size:25px 表示以 25 个像素的绝对值显示字体。

（6）文字的修饰

text-decoration 有如下几个属性值 underline, overline, line-through, blink, none。其中 underline 表示文字下划线；overline 表示文字上划线；line-through 表示文字加删除线；blink 表示文字闪烁；none 表示无任何效果。

（7）文字的转换属性

text-transform 对应如下几个属性值 uppercase, lowercase, capitalize, none。其中 uppercase 表示所有文字大写；lowercase 表示所有文字小写；capitalize 表示每个单词的首字母大写；none 表示无变化。

2. 排版样式属性

排版样式属性包括字间距、行距和文本缩进等。

（1）字间距，主要包括 letter-spacing 和 word-spacing 两个属性。letter-spacing 属性增加或减少字符间的空白（字符间距）。该属性定义了在文本字符框之间插入多少空间。由于字符字形通常比其字符框要窄，指定长度值时，会调整字母之间通常的间隔。因此，normal 就相当于值为 0。例如：

```
h1{letter-spacing:2px}
h2{letter-spacing:-3px}
```

word-spacing 属性增加或减少单词间的空白（即字间隔）。该属性定义元素中字之间插入多少空白符。针对这个属性，"字"定义为由空白符包围的一个字符串。如果指定为长度值，会调整字之间的通常间隔，所以 normal 就等同于 Word-spacing 属性值设置为 0。允许指定负长度值，这会让字之间挤得更紧。例如：

```
p {word-spacing:25px}
```

（2）行距（line-height）指的是上下两个基准线之间的垂直距离。

（3）文本缩进（text-indent）指首行缩进或者是将大段的引用文本做成缩进的格式。

3. 颜色与背景

（1）背景颜色属性

background-color 用户修改背景颜色，例如：

```
#bc-1 {background-color:blue; font-size:25pt; color:red}
```
（2）背景图像属性

background-image 用户修改背景图像属性，例如：
```
#bi-1 {background-image:url(3200.jpg);}
```
4．超链接和光标
（1）超链接属性

下面是常见的链接属性设置方式：

A:link {color:green;} 设置未被访问的链接的颜色

A:visited {color:red} 设置被访问的链接的颜色

A:active {color:blue} 设置正在被访问的链接的颜色

A:hover {color:black;font-weight:bold;font-style: italic} 设置鼠标指针移动到的链接的样式

清单 2.22 是一个完整的例子。

清单 2.22
```
<html>
<head>
<style>
a:link {color:#FF0000;}
a:visited {color:#00FF00;}
a:hover {color:#FF00FF;}
a:active {color:#0000FF;}
</style>
</head>
<body>
<p><b><a href="/index.html" target="_blank">这是一个链接</a></b></p>
<p><b>注释: </b>为了使定义生效, a:hover 必须位于 a:link 和 a:visited 之后!! </p>
<p><b>注释: </b>为了使定义生效, a:active 必须位于 a:hover 之后!! </p>
</body>
</html>
```
（2）光标属性

cursor 属性规定要显示的光标的类型（形状），包括许多值如 pointer、auto、wait、default、url 等。

5．边框、边界和填充样式
（1）边框

边框通过边框样式（border-style）、边框宽度（border-width）和边框颜色（border-color）三个属性进行设置。

（2）边界

margin 简写属性在一个声明中设置所有外边距属性。该属性可以有 1 个到 4 个值。这个简写属性设置一个元素所有外边距的宽度，或者设置各边上外边距的宽度。

```
margin:10px 5px 15px 20px;
```
表示上外边距是 10px，右外边距是 5px，下外边距是 15px，左外边距是 20px。
```
margin:10px 5px 15px;
```
表示上外边距是 10px，右外边距和左外边距是 5px，下外边距是 15px。

（3）填充属性

padding 简写属性在一个声明中设置所有内边距属性，例如：

```
padding:10px 5px 15px 20px;
```
表示上内边距是 10px，右内边距是 5px，下内边距是 15px，左内边距是 20px。

6. 区域组件

在设计 Web 界面时，我们经常希望段落中的某些文字或者某节（包含若干个段落）以某种特殊的方式显示，则分别用 span 和 div 标签来实现。实际上，span 和 div 标签在 HTML 中没有任何语义，其唯一的用途是使用内联样式表来更改显示方式。

例如：
```
<p>this is <span>a good boy!</span><p>
```
这里 a good boy!无任何特殊格式。但可以如下更改显示样式：
```
<p>this is <span style="font-size:24;font-family:Serif">a good boy!</span></p>
```

7. 列表项目

用于设置列表标记（<ol>和<ul>）的显示特性。包括 list-style-type、list-style-image 和 list-style-position 等。

（1）list-style-type 用来表示列表项目符号的格式，其值包括 disc、circle、square、decimal、lower-roman、upper-roman、lower-alpha、upper-alpha、none 等。

（2）list-style-image: url（图像文件名）使用图像作为列表项目符号。

（3）list-style-position 属性设置在何处放置列表项标记，包括两个值 inside 和 outside。inside 表示列表项目标记放置在文本以内，且环绕文本根据标记对齐。outside 是默认值，表示保持标记位于文本的左侧。列表项目标记放置在文本以外，且环绕文本不根据标记对齐。

思考和练习题

1. 简述 HTML 所有标签的用途。
2. 简述 CSS 使用的三种方式。
3. 编写个人主页，要求包含如下信息：标题"欢迎访问×××的主页"；个人简介，包含照片；个人经历简介，以有序列表形式显示；个人最喜欢的 4 本书，以无序列表显示；个人兴趣简介，以段落文字方式显示，或者以列表显示；列出 6 门主干课程成绩，以表格形式显示；个人的朋友主页链接或者学校主页链接；其他个人想表达的信息。

第 3 章 XML 简介

学习要点
（1）XML 文档语法
（2）DTD 的用法

XML（Extensible Markup Language）是一种自定义标签语言。它几乎没有预先定义任何标签，允许用户在需要时定义自己的标签。但是由自定义标签建立的文档并不是随意的，必须遵循一组特定的规则，遵守这些规则的文档结构被认为是完整的。结构完整是 XML 处理器和浏览器阅读文件必要的最起码的标准。

3.1 XML 文档的组成

XML 文档由称为"实体"的存储单元组成，每个实体都包含文本或者二进制数据，但不能同时存在。文本数据由字符组成，二进制数据指图片和小程序等类内容。在本章，文档只包含文本数据，不包含诸如图片小程序一类的二进制数据。这些文档能够完全独立地被理解而无需读取其他文件。换句话说，它们是独立存在的。这种文档通常在它的 XML 标头中含有一个值为 yes 的 standalone 属性，如下所示：

```
<?xml version="1.0" standalone="yes"?>
```

外部实体和实体引用用于组合多个文件和其他数据源以创建一个独立的 XML 文档。这样的文档如果不引用其他文件就不能进行句法分析。这些文档通常在 XML 声明中含有一个属性值为 no 的 standalone 属性：

```
<?xml version="1.0" standalone="no"?>
```

3.2 标签和字符数据

XML 文档是文本，文本由字符组成。字符是字母、数字、标点符号、空格、制表符号或类似的东西。XML 使用 Unicode 字符集（统一的字符编码标准集）。一个 XML 文档的文本包含字符数据和标签两种数据。字符数据是文档的基本信息，标签主要描述一个文档的逻辑结构。例如，参见清单 3.1：

清单 3.1

```xml
<?xml version="1.0" standalone="yes"?>
<GREETING>
Hello XML!
</GREETING>
```

其中<?xml version="1.0" standalone="yes"?>,<GREETING>和</GREETING>是标签。Hello XML!是字符数据。XML 把实际数据与标记分隔开。更确切地说，标签包括所有的注释、字符引用、实体引用、CDATA 段定界符、标记、处理指令和 DTD。其他的就是字符数据。但是文档被处理后，一些标签会变成字符数据。例如，标签&gt；变成了大于号（>）。文档经处理后留下的字符数据和所有的代表特定字符的数据称为可分析的字符数据。

3.2.1 注释

XML 的注释与 HTML 的注释很相似，它们以"<!--"开始，以"-->"结束。介于"<!--"和"-->"之间的全部数据均被 XML 处理器忽略，就像它们根本不存在一样。注释用于提醒自己或临时标注出文档中不完善的部分。例如，参见清单 3.2：

清单 3.2

```xml
<?xml version="1.0" standalone="yes"?>
<!--This is Listing 3-2 from The XML Bible-->
<GREETING>
Hello XML!
<!--Goodbye XML-->
</GREETING>
```

在使用注释时必须遵循以下几条规则，大致如下：

1. 注释不能出现在 XML 声明之前，XML 声明必须是文档最前面的部分。例如，清单 3.3 这种情况是不允许的：

清单 3.3

```xml
<!--This is Listing 3-2 from The XML Bible-->
<?xml version="1.0" standalone="yes"?>
<GREETING>
Hello XML!
</GREETING>
```

2. 注释不能放在标记中，例如，清单 3.4 这种情况是非法的：

清单 3.4

```xml
<?xml version="1.0" standalone="yes"?>
<GREETING>
Hello XML!
</GREETING <!--Goodbye--> >
```

3. 注释可以包围和隐藏标记。在清单 3.5 中，<antigreeting>标记及其内容被当作注释；而且文档在浏览器中显示时不会出现，好像不存在一样：

清单 3.5

```xml
<?xml version="1.0" standalone="yes"?>
<DOCUMENT>
<GREETING>
Hello XML!
</GREETING>
```

```
<!--
<ANTIGREETING>
Goodbye XML!
</ANTIGREETING>
-->
</DOCUMENT>
```
由于注释有效地删除了文本的一部分,必须保证剩余的文本仍然是一个结构完整的 XML 文档。

4. 两个连字符号 "--" 除了作为注释起始和结束标记的一部分外,不能出现在该注释中。这也意味着如果注释带有表达式如 i--或 numberLeft--的 C、Java 或者 JavaScript 源代码时就会出现问题。通常情况下只要意识到这个问题就不难解决。

3.2.2 实体引用

实体引用是指分析文档时会被字符数据取代的标签。XML 预先定义了 5 个实体引用,列在表 3-1 中。实体引用用于 XML 文档中的特殊字符,否则这些字符将被解释为标签的组成部分。例如,实体引用<代表小于号 "<",否则会被解释为一个标记的起始部分。

表 3-1　　　　　　　　　　XML 预定义的实体引用

实 体 引 用	字　　符
&amp;	&
&lt;	<
&gt;	>
&quot;	"
&apos;	'

XML 中的实体引用与 HTML 中不同,必须以一个分号结束。因此>是正确的实体引用写法,&gt 是不正确的。

未经处理的小于号 "<" 同表示 "和" 的符号 "&" 在一般的 XML 文本中往往被分别解释为起始标记和实体引用(特殊文本是指 CDATA 段,将在后面讨论)。因此,小于号同 "和" 号必须分别编码为<和&。例如,短语 "Ben & Jerry s New York Super Fudge Chunk Ice Cream" 应当写成 Ben &Jerry s New York Super Fudge Chunk Ice Cream。大于号、双引号和撇号在它们可能会被解释成为标签的一部分时也必须编码。但是,养成全部编码的习惯要比努力推测一个特定的应用是否会被解释为标签容易得多。实体引用也能用于属性值中。例如:

```
<PARAM NAME="joke" VALUE="The diner said,
    &quote;Waiter,There&apos;s a fly in my soup!&quote;">
</PARAM>
```

3.2.3 CDATA

大多数情况下,出现在一对尖括号 "<>" 中的是标签,不在尖括号中的是字符数据。但是有一种情况例外,在 CDATA 段中所有文本都是纯字符数据。CDATA 段用于需要把整个文本解释为纯字符数据而并不是标签的情况。当有一个包含许多<、>、&或"字符而非标签的庞大文本时,这是非常有用的。对于大部分 C 和 Java 源代码,正是这种情况。

如果想使用 XML 写有关 XML 的简介,CDATA 段同样非常有效。例如,本书中包含许多小的 XML 代码块,而我正在使用的字处理器又不能顾及这些情况。但是如果把本书转换为 XML,我将不得不很辛苦地用<代替全部小于号,&代替所有 "和" 字符。如下所示:

```
&lt;?xml version="1.0" standalone="yes"?&gt;
&lt;GREETING&gt;
Hello XML!
&lt;/GREETING&gt;
```

为了避免这种麻烦，可以使用一个 CDATA 段表示一个不需要翻译的文本块。CDATA 段以 <![CDATA[开始并以]]>结束，例如：

```
<![CDATA[
<?xml version="1.0" standalone="yes"?>
<GREETING>
Hello XML!
</GREETING>
]]>
```

唯一不许出现在 CDATA 段中的文本是 CDATA 的结束界定符]]>。注释可能会出现在 CDATA 段中，但不再扮演注释的角色。也就是说两个注释标记和包含在它们之间的全部文本都将显示出来。

3.2.4 标签

标签能够区分 XML 文件与无格式文本文件。标签的最大部分是标记。简而言之，标记在 XML 文档中以<开始，以>结束，而且不包含在注释或者 CDATA 段中。因此，XML 标记有与 HTML 标记相同的形式。开始或打开标记以<开始，后面跟有标记名。终止或结束标记以</开始，后面也跟标记名。遇到的第一个>表明该标记结束。

1. 标记名

每个标记都有一个名称。标记名必须以字母或下划线开始，名称中后续字符可以包含字母、数字、下划线、连字符和句号。其中不能含有空格（经常用下划线替代空格）。下面是一些合法的 XML 标记：<HELP>、<Book>、<volume>、<heading1>、<section.paragraph>、<Mary_Smith>、<_8ball>。冒号出现在标记名中从语法上讲是合法的，它们被保留用于命名域。以下是句法不正确的 XML 标记：<Book%7>、<volume control>、<1heading>、<Mary Smith>、<.employee.salary>

事实上标记名的规则也适用于其他许多名称，如属性名、ID 属性值、实体名。结束标记与起始标记同名，只是在起始尖括号后加了一个/。例如，如果起始标记是<FOO>，那么结束标记是</FOO>。下面是前面所提到的合法起始标记所对应的结束标记：</HELP>、</Book>、</volume>、</heading1>、</section.paragraph>、</Mary_Smith>、</_8ball>。

XML 名称是大小写敏感的。在 HTML 中的<P>和<p>是同一个标记，</p>可以结束一个<P>标记，但在 XML 中却不行。尽管大小写字母均可以用在 XML 的标记中，从此观点出发，我会尽可能遵循使用大写的约定。这主要是因为大写在本书中可以更突出，但是有时使用的标记集是别人建立的，那么采用别人的习惯约定是必要的。

2. 空标记

XML 区分带有结束标记的标记，而不带结束标记的标记称为空标记。空标记以斜杠和一个结束尖括号"/>"结束。例如，
或<HR/>。目前的 Web 浏览器处理这种标记的方法不一致，如果希望保持向后的兼容性，可以用结束标记来代替，只要在两个标记之间不包含任何文本。例如：

```
<BR></BR>
<HR></HR>
```

```
<IMG></IMG>
```

3.2.5 属性

起始标记和空标记可以随意地包含属性。属性是标记中用等号"="分隔开的名称—数值对。例如：

```
<GREETING LANGUAGE="English">
Hello XML!
<MOVIE SRC="WavingHand.mov"/>
</GREETING>
```

在此<GREETING>标记有一个 LANGUAGE 属性，其属性值是 English。<MOVIE>标记有一个 SRC 属性，其属性值为 WavingHand.mov。

1. 属性名

属性名是字符串，遵循与标记名同样的规则。这就是说，属性名必须以字母或下划线（_）开始，名称中的后续字符可以包含字母、数字、下划线、连字符和句号。其中不能含有空格（经常用下划线替代空格）。同一个标记不能有两个同名的属性。例如，下面的例子是不合法的：

```
<RECTANGLE SIDE="8cm" SIDE="10cm"/>
```

属性名是区分大小写的。SIDE 属性与 side 或者 Side 属性不是同一个属性，因此以下例子是合法的：

```
<BOX SIDE="8cm" side="10cm" Side="31cm"/>
```

但最好不要这样书写。

2. 属性值

属性值也是字符串。如下面所示的 LENGTH 属性，即使字符串表示的是一个数，但还是两个字符 7 和 2，不是十进制数的 72。

```
<RULE LENGTH="72"/>
```

如果编写处理 XML 的代码，在对字符串执行算术运算之前必须把它们转换为一个数。

与属性名不同，对属性值包含的内容没有任何限制。属性值可以包含空格，可以以一个数字或任何标点符号（有时单括号和双括号除外）开头。XML 属性值由引号界定。与 HTML 属性不同，XML 属性值必须加引号。大多数情况下是使用双引号，但是如果属性值本身含有一个引号，就需要使用单引号。例如：

```
<RECTANGLE LENGTH=' "7" WIDTH= "8.5" />
```

如果属性值中含有两种引号，那么其中不用于界定字符串的一个必须用合适的实体引用代替。例如：

```
<RECTANGLE WIDTH="10&apos;6&quot;"/>
```

3.3 独立文档中结构完整的 XML

尽管可以根据需要编写标记，XML 文档为了保持结构完整必须遵循一定的规则。如果一个文档结构不完整，大部分读取和显示操作都会失败。为了使一个文档结构完整，XML 文档中的所有标签和字符数据必须遵守前几节中给出的规则。关于如何把标签和字符数据相互联系起来的规则总结如下。

1. 文档的开始必须是 XML 声明。

2. 含有数据的元素必须有起始标记和结束标记。
3. 不含数据并且仅使用一个标记的元素必须以/>结束。
4. 文档只能包含一个能够包含全部其他元素的元素。
5. 元素只能嵌套不能重叠。
6. 属性值必须加引号。
7. 字符<和&只能用于起始标记和实体引用。
8. 出现的实体引用只有&、<、>、'和"。

（1）文档必须以 XML 声明开始

下面是 XML 1.0 中独立文档为 XML 声明：

```
<?xml version="1.0" standalone="yes"?>
```

如果声明出现，它绝对是该文件为开头部分，因为 XML 处理器会读取文件最前面的几个字节并将它与字符串<?XML 的不同编码作比较来确定正在使用的字符串集（UTF-8、大头（高字节先传格式）或者小头（低字节先传格式））。除去看不见的字节顺序记号，在它之前不能有任何东西，包括空格。

（2）在非空标记中使用起始和结束标记

如果忘了结束 HTML 的标记，Web 浏览器并不严格追究。例如，如果文档包含一个<B>标记却没有相应的</B>标记，在<B>标记之后的全部文档将变为粗体，但文档仍然能显示。XML 不会如此宽松，每个起始标记必须以相应的结束标记结束。如果一个文档未能结束一个标记，浏览器或移交器将报告一个错误信息，并且不会以任何形式显示任何文档的内容。

（3）用"/>"结束空标记

不包含数据的标记，如 HTML 的
、<HR>和<IMG>，不需要结束标记。但是 XML 空标记必须由/>结束，而不是>。例如，
、<HR>和<IMG>的 XML 等价物是
、<HR/>和<IMG/>。

（4）让一个元素完全包含其他所有元素

一个 XML 文档包含一个根元素，它完全包含了文档中其他所有元素。有时候这种元素被称作文档元素。假设根元素是非空的（通常都是如此），它肯定有起始标记和结束标记。这些标记可能使用但不是必须使用 root 或 DOCUMENT 命名。例如，在下面的文档中根元素是 GREETING：

清单 3.6
```
<?xml version="1.0" standalone="yes"?>
<GREETING>
Hello XML!
</GREETING>
```

XML 声明不是一个元素，它更像是一个处理指令，因此不必包含在根元素中。类似地，在一个 XML 文档中的其他非元素数据，诸如其他处理指令、DTD 和注释也不必包含在根元素中。但是所有实际的元素（除根元素本身）必须包含在根元素中。

（5）不能重叠元素

元素可以包含别的元素（大多数情况下），但是元素不能重叠。事实上是指，如果一个元素含有一个起始标记，则必须同时含有相应的结束标记。同样，一个元素不能只含有一个结束标记而没有相应的起始标记。例如，下面的 XML 是允许的：

```
<PRE><CODE>n =n +1;</CODE></PRE>
```

下面所示的 XML 是非法的,因为结束标记</PRE>放在了结束标记</CODE>之前:
`<PRE><CODE>n =n +1;</PRE></CODE>`

大部分 HTML 浏览器容易处理这种情况,但是 XML 浏览器会因为这种结构而报告出错。

空标记可以出现在任意位置。例如:

`<PLAYWRIGHTS>Oscar Wilde<HR/>Joe Orton</PLAYWRIGHTS>`

本规则与规则(4)联系在一起有如下含义:对于所有非根元素,只能有一个元素包含某一非根元素,但是元素不能包含其中含有非根元素的元素。这个直接含有者称为非根元素的父元素,非根元素被认为是父元素的子元素。因此,每个非根元素只有一个父元素。但是一个单独的元素可以有任意数目的子元素或不含有子元素。

请分析如下所示的清单 3.7。根元素是 DOCUMENT 元素,它含有两个元素。第一个 STATE 元素含有 4 个子元素:NAME、TREE、FLOWER 和 CAPITOL。第二个 STATE 元素含有 3 个子元素:NAME、TREE 和 CAPITOL。这些里层的子元素只包含字符数据,没有子元素。

清单 3.7

```
<?xml version="1.0" standalone="yes"?>
<DOCUMENT>
<STATE>
<NAME>Louisiana</NAME>
<TREE>Bald Cypress</TREE>
<FLOWER>Magnolia</FLOWER>
<CAPITOL>Baton Rouge</CAPITOL>
</STATE>
<STATE>
<NAME>Mississippi</NAME>
<TREE>Magnolia</TREE>
<CAPITOL>Jackson</CAPITOL>
</STATE>
</DOCUMENT>
```

在编程人员的术语中,这意味着 XML 文档形成了一个树。图 3-1 显示了清单 3.7 表示的树形结构以及将该结构称为树的原因。图 3-1 从根开始,逐级地分支延伸到树末端的叶。树有一些好的特性使计算机程序易于读取,尽管对于文档的作者而言是无关紧要的。

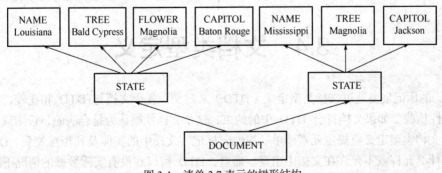

图 3-1 清单 3.7 表示的树形结构

(6)属性值必须加引号

XML 要求所有的属性值必须加引号,不管属性值是否包括空白。例如:

`<A HREF="http://metalab.unc.edu/xml/">`

HTML 的要求则不是这样。例如,HTML 允许标记含有不带引号的属性。例如,下面是一个合法的 HTML<A>标记：

<A HREF=http://metalab.unc.edu/xml/>

如果一个属性值包含有单引号和双引号，可以使用实体引用&apos;代替单引号，&quot;代替双引号。例如：

<PARAM name="joke" value="The diner said, &quot;Waiter,There&apos;s a fly in my soup!&quot;">

（7）只在开始标记和实体引用中使用"<"和"&"

XML 假定最前面的"<"是一个标记的开始，"&"是一个实体引用的开始。例如：

<H1>A Homage to Ben &Jerry s
New York Super Fudge Chunk Ice Cream
</H1>

Web 浏览器会正确地显示该标记，但是为了最大限度的安全，应当避免使用"&"，而用"&amp;"来代替，像下面这样：

<H1>A Homage to Ben &amp;Jerry s New York Super Fudge Chunk Ice Cream</H1>

开尖括号"<"的情况也类似。请看下面很普通的一行 Java 代码：

<CODE> for (int i =0;i <=args.length;i++){</CODE>

XML 与 HTML 都会把"<="中的小于号当作一个标记的开始。该标记会延续到下一个">"。因此该行会显示成：

for (int i =0;i

而不是：

for (int i =0;i <=args.length;i++){

"=args.length;i++){"被解释成一个不能识别的标记的一部分。

把小于号写成"&lt;"可以出现在 XML 和 HTML 文本中。例如：

<CODE> for (int i =0;i &lt;=args.length;i++){</CODE>

结构完整的 XML 要求把"&"写成"&amp;"，把"<"写成"&lt;"，只要不是作为标记或者实体的一部分时都应如此。

（8）只能使用现有的 5 个实体引用

除了已经讨论过的五个实体引用，XML 只能使用预先在 DTD 中定义过的实体引用。

3.4 文档类型定义

XML 的标记集要通过文档类型定义（DTD）来定义。各个文档与 DTD 相比较，这一过程称为合法性检验。如果文档符合 DTD 中的约束，这个文档就被认为是合法的，否则就是不合法的。一项文档类型定义应规定元素清单、属性、标记、文档中的实体及其相互关系。DTD 精确地定义了什么允许或不允许在文档中出现。而且，DTD 可以在没有实际数据的情况下展现出页面上的不同元素是如何安排的。DTD 有助于不同的人们和程序互相阅读文件。

3.4.1 文档类型声明

文档类型声明指定了文档使用的 DTD。文档类型声明出现在文档的序言部分，处在 XML 声明之后和基本元素之前。它可能包括文档类型定义或是标识文档类型定义所在文档的 URL。

文档类型声明同文档类型定义不是一回事。请回顾一下 greeting.xml，如清单 3.8 所示：

清单 3.8　greeting.xml
```
<?xml version="1.0" standalone="yes"?>
<GREETING>
Hello XML!
</GREETING>
```

这个文档包含单一元素 GREETING。（请注意，〈？xml version="1.0" standalone="yes"？〉是一条处理指令，不是元素。）清单 3.9 显示了这一文档，但这次带有文档类型声明。文档类型声明声明了基本元素是 GREETING。文档类型声明也包含文档类型定义，它声明了 GREETING 元素包含的可析的字符数据。

清单 3.9　带有 DTD 的 Hello XML
```
<?xml version="1.0" standalone="yes"?>
<!DOCTYPE GREETING [
<!ELEMENT GREETING (#PCDATA)>
]>
<GREETING>
Hello XML!
</GREETING>
```

清单 3.9 中有如下 3 行：
```
<!DOCTYPE GREETING [
<!ELEMENT GREETING (#PCDATA)>
]>
```

这几行是文档类型声明。在本例中，`<?xml version="1.0" standalone="yes"?>`是 XML 声明；`<!DOCTYPE GREETING [ <!ELEMENT GREETING (#PCDATA)> ]>`是文档类型声明；`<!ELEMENT GREETING (#PCDATA)>`是文档类型定义；`<GREETING> Hello XML! </GREETING>`是文档或基本元素。

文档类型声明以`<!DOCTYPE` 为开始，以`]>`结束。通常将开始和结束放在不同的行上，但断行和多余的空格并不重要。同一文档类型声明也可以写成一行：

```
<!DOCTYPE GREETING [<!ELEMENT GREETING (#PCDATA)> ]>
```

本例中基本元素名称——GREETING 跟在`<!DOCTYPE` 之后。这不仅是一个名称，也是一项要求。任何带有这种文档类型声明的合法文档必须有基本元素。在 [和] 之间的内容是文档类型定义。

DTD 由一系列元素、实体和属性的标记声明所组成。其中的一项声明基本元素。清单 3.9 中整个 DTD 只是如下简单的一行：

```
<!ELEMENT GREETING (#PCDATA)>
```

单个行`<!ELEMENT GREETING (#PCDATA)>`是一项元素类型声明。在本例中，声明的元素名称是 GREETING，它是唯一的元素。这一元素可以包含可析的字符数据（或#PCDATA）。可析的字符实质上是除标记文本外的任何文本。这也包括实体引用如&，在对文档进行语法分析时，实体引用就被文本所取代。

3.4.2　根据 DTD 的合法性检验

一个合法的文档必须符合 DTD 指定的约束条件。而且，它的基本元素必须是在文档类型声明中指明的。清单 3.9 中的文档类型声明和 DTD 说明一个合法的文档必须是这样的：

```
<GREETING>
various random text but no markup
</GREETING>
```

一个合法的文档不能是这样的：

```
<GREETING>
<sometag>various random text</sometag>
<someEmptyTag/>
</GREETING>
```

也不能是这样的：

```
<GREETING>
<GREETING>various random text</GREETING>
</GREETING>
```

这个文档必须由放在<GREETING>开始标记和</GREETING>结束标记之间的可析的字符组成。与只是结构完整的文档不同，合法文档不允许使用任意的标记。使用的任何标记都要在 DTD 内声明。而且，必须以 DTD 允许的方式使用。在清单 3.3 中，<GREETING>标记只能用作基本元素的开始，且不能嵌套使用。

假设我们对清单 3.9 做一点变动，以<foo>和</foo>替换<GREETING>和</GREETING>标记，如清单 3.10 所示，它是一个结构完整的 XML 文档，但它不符合文档类型声明和 DTD 中的约束条件。

清单 3.10 不符合 DTD 规则的不合法的 Hello XML

```
<?xml version="1.0" standalone="yes"?>
<!DOCTYPE GREETING [
<!ELEMENT GREETING (#PCDATA)>
]>
<foo>
Hello XML!
</foo>
```

不是所有的文档都必须合法，也不是所有的语法分析程序都检查文档的合法性。事实上，多数 Web 浏览器包括 IE 5 和 Mozilla 都不检查文档的合法性。

3.4.3 元素声明

在合法的 XML 文档中使用的每项标记都要在 DTD 中的元素声明中加以声明。一项元素声明指明了元素名称和元素可能的内容。内容清单有时称为内容规格。内容规格使用一种简单的语法精确地指明文档中允许什么和不允许什么。这听起来复杂，却只需在元素名称上加上如"*"、"?"或"+"的标点以便指明它可能出现不止一次，可能出现或可能不出现，或必须出现至少一次。清单 3.11 是一个包含 DTD 的 XML 文档，后面以此为例进行讨论。

清单 3.11

```
<?xml version="1.0" standalone="yes"?>
<!DOCTYPE SEASON [
<!ELEMENT SEASON ANY>
<!ELEMENT SEASON (YEAR, LEAGUE, LEAGUE)>
<!ELEMENT YEAR (#PCDATA)>
<!ELEMENT LEAGUE (LEAGUE_NAME, DIVISION, DIVISION, DIVISION)>
<!ELEMENT LEAGUE_NAME (#PCDATA)>
<!ELEMENT DIVISION (DIVISION_NAME, TEAM+)>
<!ELEMENT DIVISION_NAME (#PCDATA)>
```

```
<!ELEMENT TEAM (TEAM_CITY, TEAM_NAME, PLAYER*)>
<!ELEMENT TEAM_CITY (#PCDATA)>
<!ELEMENT TEAM_NAME (#PCDATA)>
<!ELEMENT PLAYER (GIVEN_NAME, SURNAME, POSITION, GAMES,GAMES_STARTED, DOUBLES?)>
<!ELEMENT GIVEN_NAME (#PCDATA)>
<!ELEMENT SURNAME (#PCDATA)>
<!ELEMENT POSITION (#PCDATA)>
<!ELEMENT GAMES (#PCDATA)>
<!ELEMENT GAMES_STARTED (#PCDATA)>
<!ELEMENT DOUBLES (#PCDATA)>
]>
<SEASON>
<YEAR>1998</YEAR>
<LEAGUE>
<LEAGUE_NAME>National</LEAGUE_NAME>
<DIVISION>
<DIVISION_NAME>East</DIVISION_NAME>
<TEAM>
<TEAM_CITY>Florida</TEAM_CITY>
<TEAM_NAME>Marlins</TEAM_NAME>
<PLAYER>
<GIVEN_NAME>Eric</GIVEN_NAME>
<SURNAME>Ludwick</SURNAME>
<POSITION>Starting Pitcher</POSITION>
<GAMES>13</GAMES>
<GAMES_STARTED>6</GAMES_STARTED>
</PLAYER>
<PLAYER>
<GIVEN_NAME>Brian</GIVEN_NAME>
<SURNAME>Daubach</SURNAME>
<POSITION>First Base</POSITION>
<GAMES>10</GAMES>
<GAMES_STARTED>3</GAMES_STARTED>
<DOUBLES>1</DOUBLES>
</PLAYER>
</TEAM>
<TEAM>
<TEAM_CITY>Montreal</TEAM_CITY>
<TEAM_NAME>Expos</TEAM_NAME>
</TEAM>
<TEAM>
<TEAM_CITY>New York</TEAM_CITY>
<TEAM_NAME>Mets</TEAM_NAME>
</TEAM>
</DIVISION>
<DIVISION>
<DIVISION_NAME>Central</DIVISION_NAME>
<TEAM>
<TEAM_CITY>Chicago</TEAM_CITY>
<TEAM_NAME>Cubs</TEAM_NAME>
</TEAM>
</DIVISION>
<DIVISION>
<DIVISION_NAME>West</DIVISION_NAME>
<TEAM>
<TEAM_CITY>Arizona</TEAM_CITY>
```

```
<TEAM_NAME>Diamondbacks</TEAM_NAME>
</TEAM>
</DIVISION>
</LEAGUE>
<LEAGUE>
<LEAGUE_NAME>American</LEAGUE_NAME>
<DIVISION>
<DIVISION_NAME>East</DIVISION_NAME>
<TEAM>
<TEAM_CITY>Baltimore</TEAM_CITY>
<TEAM_NAME>Orioles</TEAM_NAME>
</TEAM>
</DIVISION>
<DIVISION>
<DIVISION_NAME>Central</DIVISION_NAME>
<TEAM>
<TEAM_CITY>Chicago</TEAM_CITY>
<TEAM_NAME>White Sox</TEAM_NAME>
</TEAM>
</DIVISION>
<DIVISION>
<DIVISION_NAME>West</DIVISION_NAME>
<TEAM>
<TEAM_CITY>Anaheim</TEAM_CITY>
<TEAM_NAME>Angels</TEAM_NAME>
</TEAM>
</DIVISION>
</LEAGUE>
</SEASON>
```

1. ANY

要做的第一件事是标识基本元素。在清单 3.11 中，SEASON 是基本元素。!DOCTYPE 声明指明了这一点：

```
<!DOCTYPE SEASON [
]>
```

但是，这仅仅是说基本标记是 SEASON，而没有提到元素能或不能包含的内容，这就是为什么接下来要在元素声明中声明 SEASON 元素。可以通过下列一行代码来实现：

```
<!ELEMENT SEASON ANY>
```

所有的元素类型声明都以<!ELEMENT（区分大小写）开头而以>结束。关键词 ANY（也要区分大小写）表明所有可能的元素以及可析的字符数据都可以是 SEASON 元素的子元素。

2. #PCDATA

尽管文档中可以出现任何元素，但出现的元素必须声明。第一个需要声明的元素是 YEAR，下面是 YEAR 元素的元素声明：

```
<!ELEMENT YEAR (#PCDATA)>
```

该声明说明 YEAR 只能包含可析的字符数据，即非标记文本，但它不能包含自己的子元素。下面这个 YEAR 元素也是合法的，只要是不包括标记的文本就可以。

```
<YEAR>Delicious, delicious, oh how boring</YEAR>
```

但是，下面的 YEAR 元素是非法的，因为它包含了子元素：

```
<YEAR>
<MONTH>January</MONTH>
</YEAR>
```

SEASON 和 YEAR 元素声明应包括在文档类型声明中，如下所示：

```
<!DOCTYPE SEASON [
<!ELEMENT SEASON ANY>
<!ELEMENT YEAR (#PCDATA)>
]>
```

通常，空格和缩进无关紧要。元素声明的顺序也不重要。下面这一文档类型声明的作用与上面的声明相同：

```
<!DOCTYPE SEASON [
<!ELEMENT YEAR (#PCDATA)>
<!ELEMENT SEASON ANY>
]>
```

上面两个文档声明都是说一个 SEASON 元素可以包含可析的字符数据和以任意顺序声明的任意数量的其他元素。例如，清单 3.12 是一个合法的文档。

清单 3.12

```
<?xml version="1.0" standalone="yes"?>
<!DOCTYPE SEASON [
<!ELEMENT YEAR (#PCDATA)>
<!ELEMENT SEASON ANY>
]>
<SEASON>
<YEAR>1998</YEAR>
</SEASON>
```

因为 SEASON 元素也可以包含可析的字符数据，所以可以在 YEAR 元素之外附加文本，如清单 3.13 所示。

清单 3.13　包含 YEAR 元素和正常文本的合法的文档

```
<?xml version="1.0" standalone="yes"?>
<!DOCTYPE SEASON [
<!ELEMENT YEAR (#PCDATA)>
<!ELEMENT SEASON ANY>
]>
<SEASON>
<YEAR>1998</YEAR>
Major League Baseball
</SEASON>
```

3. 子元素列表

由于 SEASON 元素被声明为可以接受任何元素作为子元素，因而可以接受各种各样的元素。当遇到那些多多少少有些非结构化的文本，如杂志文章时，这种情况就很有用。这时段落、副栏、项目列表、序号列表、图形、照片以及子标题可以出现在文档的任意位置。然而，有时可能想对数据的安排上实行些规则和控制。例如，可能会要求每一个 LEAGUE 元素有一个 LEAGUE_NAME 子元素，而每个 PLAYER 元素要有一个 GIVEN_NAME 和 SURNAME 子元素，并且 GIVEN_NAME 要放在 SURNAME 之前。

为了声明 LEAGUE 元素必须有一个名称，只要声明 LEAGUE_NAME 元素，然后在 LEAGUE 声明后的括号内加入 LEAGUE_NAME，如下面这样：

```
<!ELEMENT LEAGUE (LEAGUE_NAME)>
<!ELEMENT LEAGUE_NAME (#PCDATA)>
```

每个元素只能在其<!ELEMENT>内声明一次。LEAGUE_NAME 声明放在引用它的

LEAGUE 声明之后。XML 允许这一类提前引用。只要声明全部包含在 DTD 中，元素标记出现的顺序无关紧要。

用户可以向文档中添加这两项声明，然后在 SEASON 元素中包括 LEAGUE 和 LEAGUE_NAME 元素，如清单 3.14 所示。

清单 3.14 有两个 LEAGUE 子元素的 SEASON 元素

```
<?xml version="1.0" standalone="yes"?>
<!DOCTYPE SEASON [
<!ELEMENT YEAR (#PCDATA)>
<!ELEMENT LEAGUE (LEAGUE_NAME)>
<!ELEMENT LEAGUE_NAME (#PCDATA)>
<!ELEMENT SEASON ANY>
]>
<SEASON>
<YEAR>1998</YEAR>
<LEAGUE>
<LEAGUE_NAME>American League</LEAGUE_NAME>
</LEAGUE>
<LEAGUE>
<LEAGUE_NAME>National League</LEAGUE_NAME>
</LEAGUE>
</SEASON>
```

4. 序列

让我们限制一下 SEASON 元素。一个 SEASON 元素正好包含一个 YEAR 元素和其后的两个 LEAGUE 子元素。不把 SEASON 元素声明为可以包含 ANY 元素，我们在 SEASON 元素声明中包括这三个子元素，用括号括起来并用逗号分隔开，如下所示：

```
<!ELEMENT SEASON (YEAR, LEAGUE, LEAGUE)>
```

用逗号隔开的一系列子元素称为一个序列。利用这一声明，每个合法的 SEASON 元素必须包含一个 YEAR 元素，后面正好是两个 LEAGUE 元素，没有其他的。整个文档类型定义看上去是下面的样子：

```
<!DOCTYPE SEASON [
<!ELEMENT YEAR (#PCDATA)>
<!ELEMENT LEAGUE (LEAGUE_NAME)>
<!ELEMENT LEAGUE_NAME (#PCDATA)>
<!ELEMENT SEASON (YEAR, LEAGUE, LEAGUE)>
]>
```

5. 一个或多个子元素

每个 DIVISION 有一个 DIVISION_NAME 和四个 TEAM 子元素。指定 DIVISION_NAME 很容易，方法如下：

```
<!ELEMENT DIVISION (DIVISION_NAME)>
<!ELEMENT DIVISION_NAME (#PCDATA)>
```

指明 DIVISION 元素有四个 TEAM 子元素很容易，如下所示：

```
<!ELEMENT DIVISION (DIVISION_NAME, TEAM, TEAM, TEAM, TEAM)>
```

XML 可以在子元素清单的元素名后放一个加号"+"来说明有一个或多个子元素，例如：

```
<!ELEMENT DIVISION (DIVISION_NAME, TEAM+)>
```

这就是说一个 DIVISION 元素必须包含一个 DIVISION_NAME 子元素，后接一个或多个 TEAM 子元素。

6. 零或多个子元素

每个 TEAM 要包含一个 TEAM_CITY、一个 TEAM_NAME 和不确定数目的 PLAYER 元素。因此，我们要指明一个 TEAM 元素可包含零或多个 PLAYER 子元素。在子元素清单中的元素名上附加一个星号"*"来实现这一目的。例如：

```
<!ELEMENT TEAM (TEAM_CITY, TEAM_NAME, PLAYER*)>
<!ELEMENT TEAM_CITY (#PCDATA)>
<!ELEMENT TEAM_NAME (#PCDATA)>
```

7. 零或一个子元素

需要给定类型的零个或一个元素。在子元素列表后面附加一个问号（？）可表明这一点，如下所示：

```
<!ELEMENT PLAYER (GIVEN_NAME, SURNAME, POSITION,
GAMES,GAMES_STARTED,DOUBLES?)>
```

这就是说每个 PLAYER 元素有一个 GIVEN_NAME、SURNAME、POSITION、GAMES 和 GAMES_STARTED 子元素。而且，每名球员可能有或可能没有 DOUBLES。

8. 选择

通常，一个父元素会有许多子元素。为了指明各子元素必须按顺序出现，可将这些子元素用逗号隔开。每个这样的子元素还可以以问号、加号或星号作为后缀，以便调节它在那一位置按顺序出现的次数。

到目前为止，已经假定子元素以一定的顺序出现或不出现。还可以使 DTD 更加灵活，如允许文档作者在给定的地方选择不同的元素。例如，在一项描述顾客购物的 DTD 中，结帐方式信息中的每项 PAYMENT 元素都有 CREDIT_CARD 子元素或 CASH 子元素以便提供付款方式的信息。然而，单独的 PAYMENT 元素不能同时使用两者。

在父元素声明中，可以使用竖线"|"而不是逗号来分开子元素，以便指明文档作者需要输入一个或另一个子元素。例如，下面的语句就说明 PAYMENT 元素必须包含 CASH 或 CREDIT_CARD 中的一个子元素。

```
<!ELEMENT PAYMENT (CASH | CREDIT_CARD)>
```

这种内容规格称为选择。当只使用它们当中的一个时就可用竖线分开任意数目的子元素。例如，下面的语句说明 PAYMENT 元素必须有 CASH、CREDIT_CARD 或 CHECK 中的一个子元素。

```
<!ELEMENT PAYMENT (CASH | CREDIT_CARD | CHECK)>
```

当用括号对元素分组时竖线还会更有用。用户可以把元素组合在括号内分组，然后在括号后加星号、问号和加号后缀来指明一定的元素组合会出现零次或多次、零次或一次或者一次或多次。

9. 空元素

合法的文档必须声明使用的空元素和非空元素。因为按定义，空元素没有子元素，声明很容易。用户可像通常情况一样使用包含空元素名的<!ELEMENT>来声明，但用关键词 EMPTY（像所有 XML 标记一样区分大小写）代替子元素的列表。例如：

```
<!ELEMENT BR EMPTY>
<!ELEMENT IMG EMPTY>
<!ELEMENT HR EMPTY>
```

3.4.4　DTD 中的注释

像一份 XML 文档的其他部分一样，DTD 也可以包含注释。这些注释不能在声明中出现，但可以在声明外出现。注释通常用来组织不同部分的 DTD，为一些元素的许可内容提供说明，并对元素作进一步的解释。例如，YEAR 元素的声明可以有这样的注释：

```
<!--A four digit year like 1998, 1999, or 2000 ? -->
<!ELEMENT YEAR (#PCDATA)>
```

像所有注释一样，这只是为了便于人们阅读源代码，XML 处理程序会忽略注释部分。

思考和练习题

1. 写一个描述个人信息的 XML 文档，包含姓名、性别、年龄、籍贯和个人介绍。
2. 在 1 中的文档中嵌入 DTD。
3. 分析 XML 和 HTML 的语法要求的不同点。

第 4 章 JavaScript 基础

学习要点
（1）JavaScript 的变量
（2）JavaScript 的控制结构
（3）JavaScript 中对象和函数的用法
（4）事件驱动编程

JavaScript 是客户端编程的一门重要语言，使用范围非常广泛。本章重点论述该语言的使用方法，主要包括基本语法、控制结构和内嵌的对象和函数、事件驱动编程等。

4.1 JavaScript 的特点

JavaScript 的出现，使得信息和用户之间不仅只是一种显示和浏览的关系，而是实现了一种实时的、动态的、可交互的表达能力。JavaScript 是一种基于对象（Object）和事件驱动（Event Driven）并具有安全性能的脚本语言。使用它的目的是与 HTML 超文本标记语言一起实现在一个 Web 页面中链接多个对象，与 Web 客户实现交互。它是通过嵌入在标准的 HTML 语言中实现的。它的出现弥补了 HTML 语言只能表达静态内容的缺陷。清单 4.1 是一个 JavaScript 程序，其效果见图 4-1。

清单 4.1
```
<html>
<head>
<script Language ="JavaScript">
// JavaScript Appears here.
alert("这是第一个JavaScript 例子!");
alert("欢迎你进入JavaScript 世界!");
alert("今后我们将共同学习JavaScript 知识! ");
</script>
</Head>
</Html>
```

脚本可以直接作为标签<script>的内容出现，如清单 4.1。此外，JavaScript 脚本还可以间接嵌入到 HTML 文档中，这是通过标签<script>的 src 属性实现的，将该属性值设置为包含脚本的文件名称即可，如<script type = "text/javascript" src = "tst_number.js"/>。将 JavaScript 间接嵌入到

HTML 文档中可以向浏览器用户隐藏脚本内容，也可以避免在旧版浏览器中出现的脚本隐藏问题。

图 4-1　在 Internet Explore5.0 中运行后的结果

4.1.1　语言的优越性

JavaScript 语言展现了如下优越性。

（1）脚本编写语言：JavaScript 是一种解释性的脚本语言，嵌入在 HTML 中以解释的方式执行。它与 HTML 标识结合在一起，在程序运行过程中被逐行地解释。脚本内容不用经过传给服务器处理再传回来的过程，而直接可以被客户端浏览器处理。

（2）基于对象的语言：JavaScript 是一种基于对象的语言，它能运用自己已经创建的对象。因此，许多功能可以用脚本环境中对象的方法实现。

（3）简单性：JavaScript 的简单性主要体现在：首先，它是一种基于 Java 基本语句和控制流之上的简单而紧凑的设计，从而对于学习 Java 者来说是一种非常好的过渡；其次，它的变量类型是采用弱类型，并未使用严格的数据类型。

（4）安全性：JavaScript 是一种安全性语言，它不允许访问本地的硬盘，并不能将数据存入到服务器上，不允许对网络文档进行修改和删除，只能通过浏览器实现信息浏览或动态交互，从而有效地防止数据的丢失。

（5）动态性：JavaScript 是动态的，它可以直接对用户输入做出响应，无须经过 Web 服务程序。它对用户的响应，是以事件驱动的方式进行的。所谓事件驱动，就是指在网页中执行了某种操作所产生的动作，就称为"事件"（Event）。例如，按下鼠标、移动窗口、选择菜单等都可以视为事件。当事件发生后，可能会引起相应的事件响应。

（6）跨平台性：JavaScript 只依赖于浏览器本身，与操作环境无关，只要是在支持 JavaScript 的浏览器就可正确执行。

4.1.2　JavaScript 和 Java 的区别

虽然 JavaScript 与 Java 有紧密的联系，但却是两个公司开发的不同的两个产品。Java 是 SUN 公司推出的新一代面向对象的程序设计语言，特别适合于 Internet 应用程序开发；而 JavaScript 是 Netscape 公司的产品，其目的是为了扩展 Netscape Navigator 功能，而开发的一种可以嵌入 Web 页面中的基于对象和事件驱动的解释性语言，它的前身是 Live Script；而 Java 的前身是 Oak 语言。下面对两种语言间的异同做如下比较：

（1）解释和编译

两种语言在浏览器中执行的方式不一样。Java 的源代码在传递到客户端执行之前，必须经过编译，因而客户端上必须具有相应平台上的仿真器或解释器，它可以通过编译器或解释器实现独立于某个特定的平台编译代码的束缚。JavaScript 是一种解释性编程语言，其源代码在发往客户端执行之前不需经过编译，而是将文本格式的字符代码发送给客户，由浏览器解释执行。

（2）强变量和弱变量

两种语言所采取的变量是不一样的。Java 采用强类型变量检查，即所有变量在编译之前必须作声明，例如：

```
Integer x;
String y;
```

其中 Integer x 说明 x 是一个整数，String y 说明 y 是一个字符串。

JavaScript 中的变量声明，采用弱类型变量检查。即变量在使用前不需作声明，而是解释器在运行时检查其数据类型，如：

```
x=1234;
y="4321";
```

前者说明 x 为数值型变量，而后者说明 y 为字符型变量。

（3）嵌入方式不一样

在 HTML 文档中，两种编程语言的标识不同，JavaScript 使用<script>...</script>来标识，而 Java 使用<applet>...</applet>来标识。

（4）静态联编和动态联编

Java 采用静态联编，即 Java 的对象引用必须在编译时进行，以使编译器能够实现强类型检查。JavaScript 采用动态联编，即 JavaScript 的对象引用在运行时进行检查。

4.2 基本数据类型

JavaScript 脚本语言同其他语言一样，有它自身的基本数据类型。

4.2.1 基本数据类型

JavaScript 中有五种基本数据类型：数值（整数和实数）、字符型（用""号或''括起来的字符或数值）、布尔型（使 true 或 false 表示）、空值（null）和未定义（undefined）类型。JavaScript 基本类型中的数据可以是常量，也可以变量。由于 JavaScript 采用弱类型的形式，因而一个数据的变量或常量不必首先作声明，而是在使用或赋值时确定其数据类型。当然也可以先声明该数据的类型，它是通过在赋值时自动说明其数据类型的。

4.2.2 常量

1. 整型常量

JavaScript 的常量通常又称为字面常量，它是不能改变的数据。整型常量可以使用十六进制、八进制和十进制表示其值。

2. 实型常量

实型常量是由整数部分加小数部分表示，如 12.32、193.98。可以使用科学或标准方法表示，如 5E-7、4e-5 等。

3. 布尔值

布尔常量只有两种状态：true 或 false。

4. 字符型常量

使用单引号''或双引号""括起来的一个或几个字符。如"This is a book of JavaScript"、"3245"、"ewrt234234"等。

5. 空值

JavaScript 中有一个空值 null，表示什么也没有。如试图引用没有定义的变量，则返回一个 null 值。

4.2.3 变量

变量的主要作用是存取数据、提供存放信息的容器。对于变量必须明确变量的命名、变量的类型、变量的声明以及变量的作用域。

1. 变量的命名

JavaScript 中的标识符或者变量名称类似于其他常用编程语言的标识符或者变量名称。标识符或者变量名称必须以字母、下画线（_）或者美元符号（$）开头。接下来的字符可以是字母、下划线、美元符号或者数字。标识符没有长度限制。变量名称中的字母是区分大小写的，也就是说，FRIZZY、Frizzy、FrIzZy、frizzy、以及 friZZy 表示完全不同的变量。但是，按照惯例，程序开发人员在定义变量名称时一般不应该包含大写字母。

JavaScript 中包含 25 个保留字，如表 4-1 所示。

表 4-1　　　　　　　　　　JavaScript 中的保留字

break	delete	function	return	typeof
case	do	if	switch	var
catch	else	in	this	void
continue	finally	instanceof	throw	while
default	for	new	try	with

此外，JavaScript 中还包含了很多预定义单词，如 alert、open、java 以及 self。

2. 变量的定义

在 JavaScript 中，变量可以用命令 var 作声明：

```
var mytest;
```

该例定义了一个 mytest 变量,但没有赋予它的值。

```
var mytest="This is a book"
```

该例定义了一个 mytest 变量，同时赋予了它的值。

在 JavaScript 中，变量可以不作声明，在使用时根据数据的类型来确定其变量的类型，例如：

```
x=100
y="125"
xy= True
cost=19.5
```

其中 x 是整数变量，y 为字符串变量，xy 为布尔型变量，cost 为实型变量。

3. 变量的声明及其作用域

JavaScript 变量可以在使用前先作声明，并可赋值。通过使用 var 关键字对变量作声明。对变量作声明的最大好处就是能及时发现代码中的错误；因为 JavaScript 是采用动态编译的，因此，不易发现代码中的错误，特别是变量命名方面。

对于变量还有一个重要因素——那就是变量的作用域。在 JavaScript 中同样有全局变量和局部变量。全局变量定义在所有函数体之外，其作用范围是整个函数；而局部变量定义在函数体之内，只对该函数是可见的，而对其他函数则是不可见的。

4.2.4 typeof 操作符

操作符 typeof 的返回值为某个操作数的类型，这在脚本的环境下非常有用。如果操作数的类型为数值、字符串或者布尔型，那么该操作符的返回值分别为 number、string 或者 boolean。如果操作数是一个对象或者 null，则该操作符将返回 object。这也正好验证了 JavaScript 的一个基本特征——对象没有类型。如果操作数是一个未赋值的变量，那么该操作符的返回值则为 undefined，这反映了变量本身无类型这一事实。需要指出的是，该操作符的返回值总是字符串。它的操作数可以放在括号中，所以看起来像是一个函数。因此，typeof x 和 typeof（x）是等价的。

4.2.5 隐式类型转换

JavaScript 解释器可以执行多种不同的隐式类型转换操作。这样的类型转换称为强制转换。总的来说，如果某种类型的值所应用的场合中需要另外一种类型的值，JavaScript 就会尝试将原有类型转换为需要的类型。最常见的示例就是原始类型的字符串和数值之间的转换。

如果操作符+两边的操作数中有一个是字符串，那么该操作符将被解释为一个字符串连接操作符。如果另外一个操作数不是字符串，那将被强制转换为字符串。例如，参见如下表达式：

```
"August" + 1977
```

下面表达式中的数值 1977 也被强制转换为字符串：

```
1977 + "August"
```

接下来参见下面的表达式：

```
7 * "3"
```

在这个表达式中，操作符*只能用于数值计算。这样，右边的操作数就被强制位于数值上下文中。因此，JavaScript 会将右边的操作数强制转换为数值。在这个示例中，转换过程是成功的，表达式的计算结果是 21。但是，如果右边的操作数是一个无法转换为数值的字符串，如 August，那么转换后的计算结果将是 NaN。

4.2.6 显式类型转换

有多种不同的方式强制进行类型转换，主要是字符串和数值之间的转换。利用 String 的构造函数可以将数值转换为数值对应的字符串，如下所示：

```
var str_value = String(value);
```

这一转换过程也可以通过 toString 方法完成，这种方法的优势是可以给定一个参数，这个参数可以指定所产生数值的基数（虽然要转换的数值基数是 10）。例如：

```
var num = 6;
```

```
var str_value = num.toString();
var str_value_binary = num.toString(2);
```

在第一个转换表达式中，返回结果 6；第二个转换表达式返回结果 110。通过将数值同一个空字符串连接也可以将数值转换为字符串。

有很多种方式可以将字符串显示转换为数值。首先，可以利用 Number 对象的构造函数进行转换，如下所示：

```
var number = Number(aString);
```

从字符串中减去数值 0 也可以将字符串转换为数值，如下所示：

```
var number = aString - 0;
```

以上这两种转换方式都有如下缺陷：字符串中的数值之后不能有空格之外的任何字符。比如，如果字符串中的数值之后跟着一个逗号，那么这两种转换操作将不会成功。

JavaScript 中预定义了两个字符串函数，利用这两个函数进行转换将不会出现这样的问题。这两个函数分别为 parseInt 和 parseFloat，由于这两个函数并不是 String 方法，因此它们不能通过 String 对象进行调用。但是，它们是基于字符串参数进行操作的。函数 parseInt 对字符串进行搜索，看字符串中是否存在整型字面量。如果在字符串的开始部分发现了一个整型字面量，则该函数将该整型字面量转换为整数并返回。如果字符串并不是以有效的整型字面量开头的，那么该函数返回值为 NaN。函数 parseFloat 的工作原理类似于 parseInt，只不过该函数搜索目标的浮点数字面量，看字符串中是否包含了带有小数点或指数符号的浮点数字面量。利用 parseInt 和 parseFloat 将字符串转换为数值时，数值字面量之后可以包含任意形式的非数值字符，而不会导致任何问题。

函数原型 parseInt（*string, radix*）的例子，如 parseInt（"10",8）返回 8。

4.3 表达式和运算符

在定义完变量后，就可以对它们进行赋值、改变、计算等一系列操作，这一过程由表达式来完成，表达式可以分为算术表述式、字串表达式、赋值表达式以及布尔表达式等。涉及的运算符分成算术运算符、比较运算符和逻辑操作符。

4.3.1 算术运算符

JavaScript 中的算术运算符有单目运算符和双目运算符。双目运算符列表如下：

+（加）

-（减）

*（乘）

/（除）

%（取模）

++（递加 1）

--（递减 1）

其中++和--是特殊的运算符，如果表达式中包含了这种运算符，其中包含了一个变量和这两种操作符中的一个操作符。如果操作符在变量之前，这个变量的值就发生修改，表达式将获取变量修改后的新值。如果操作符位于变量之后，那么表达式获取的是这个变量当前的值，然后变量的值才发生修改。例如，如果变量 a 的值为 7，那么下面表达式的值为 24：

(++a) * 3

但下面表达式的值却为 21：

(a++) * 3

在这两种情况下，a 的值最终都为 8。所有的数值运算都是以双精度浮点型的格式进行的。

语言中的优先级规则规定了当一个表达式中有两个优先级不同的相邻操作符时，究竟首先对哪个操作符进行计算。相邻的操作符之间是通过操作数分隔的。例如，下面的示例中使用了+和*两个操作符：

a * b + 1

语言的结合规则（associativity rule）规定了当一个表达式中有两个优先级相同的相邻操作符时，究竟首先对哪一个操作符进行计算。JavaScript 中数值操作符的优先级和结合规则如表 4-2 所示。

表 4-2　　　　　　　　　　　数值操作符的优先级和结合规则

操 作 符	结 合 规 则
++、--、一元-、一元+	从右向左
*、/、%	从左向右
二元+、二元-	从左向右

处于首位的操作符优先级最高。参见下面的代码，这组示例展示了操作符的优先级和结合规则。

```
var a=2,
b=4,
c,
d;
c=3+a*b;
//*先运算，因此 c 的值是 11（不是 24）
d=b/a/2
//左结合，因此 d 是 1（不是 4）
```

利用括号可以强制指定优先级。例如，在下面的表达式中，加法将在乘法之前优先计算：

(a + b) * c

4.3.2　比较运算符

比较运算符的基本操作过程是，首先对它的操作数进行比较，然后再返回一个 true 或 false 值，有 8 个比较运算符：

< （小于）
> （大于）
<= （小于等于）
>= （大于等于）
== （等于）
!= （不等于）
=== （严格等于）
!== （严格不等于）

4.3.3 逻辑运算符

JavaScript 中还定义了针对 AND、OR 以及 NOT 这三个布尔逻辑操作相关的操作符，分别是&&（AND）、||（OR）以及!（NOT）。其中&&和||都是短路操作符，与 Java 和 C++中的对应操作符相同。这就意味着对于操作符&&和||来说，如果它们第一个操作数的值能够决定表达式的值，就不必对第二个操作数进行求值，即布尔操作符什么也不做。JavaScript 中还定义了位运算操作符，但本书不对此进行讨论。

4.3.4 条件运算符

JavaScript 还包含了基于某些条件对变量进行赋值的条件运算符，格式如下：

```
variablename=(condition)?value1:value2
```

即如果 condtion 的条件为 true，则赋值 value1，否则赋值 value2，例如：

```
greeting=(visitor=="PRES")?"Dear President ":"Dear ";
```

如果变量 visitor 中的值是 "PRES"，则向变量 greeting 赋值 "Dear President"，否则赋值 "Dear"。

4.4 程序控制流程

在任何一种语言中，程序控制流是必须的，它能使得整个程序按照一定的方式执行。下面是 JavaScript 常用的程序控制结构及语句：

（1）if 条件语句

基本格式：

```
if（表述式）
语句段1；
……
else
语句段2；
……
```

功能：若表达式为 true，则执行语句段 1；否则执行语句段 2。if -else 语句是 JavaScript 中最基本的控制语句，通过它可以改变语句的执行顺序。表达式中必须使用关系语句，来实现判断，它是作为一个布尔值来估算的。它将零和非零的数分别转化成 false 和 true。若 if 后的语句有多行，则必须使用花括号将其括起来。

if 语句的嵌套：

```
if（布尔值）语句1；
else if（布尔值）语句2；
else if（布尔值）语句3；
……
else 语句4；
```

在这种情况下，每一级的布尔表述式都会被计算，若为真，则执行其相应的语句，否则执行 else 后面的语句。

(2) for 循环语句

基本格式：

for（初始化；条件；增量表达式）

语句集；

功能：实现条件循环，当条件成立时，执行语句集，否则跳出循环体。

说明：初始化参数告诉循环的开始位置，必须赋予变量的初值。

条件：是用于判别循环停止时的条件。若条件满足，则执行循环体，否则跳出。

增量：主要定义循环控制变量在每次循环时按什么方式变化。

下面的示例说明了 for 循环结构：

```
var sum = 0,
    count;
for ( count = 0; count <= 10; count++)
    sum += count;
```

使用 break 语句使得循环从 for 中跳出，continue 使得跳过循环内剩余的语句而进入下一次循环。

(3) while 循环

基本格式：

while（条件）

语句集；

该语句与 for 语句一样，当条件为真时，重复循环，否则退出循环。

do-while 语句与 while 语句类似，但是无论从逻辑上还是从物理上来说，do-while 是在循环结构的末尾来测试循环是否结束，而 while 是在循环结构的开始进行测试的。因此，do-while 语句的主体部分至少会执行一次。下面给出了一个 do-while 循环结构的示例：

```
do
{   count++;
    sum = sum + (sum * count);
} while count <= 50;
```

(4) switch 语句

JavaScript 中的 switch 语句结构如下所示：

```
switch (expression)
{
    case value_1:
        //statement(s)
    case value_2:
        //statement(s)
        ...
    default:
        //statement(s)]
}
```

在任何 case 片段中，statement(s)可以是一个语句序列，也可以是一个复合语句。switch 结构的具体语义如下：当 switch 语句开始执行时，首先计算括号中的表达式。然后将表达式的值与 case 中的值进行比较（这些值紧跟在保留字 case 之后）。如果有一个能够匹配，则立即执行这个 case 保留字后面的语句。接下来将执行该结构中的剩余部分。但是，在绝大多数情况下，在每次执行该结构时，一般只执行一个 case 语句块。为了实现这一点，需要在每个 case 语句块后面添加一个 break 语句。

4.5 函 数

函数为程序设计人员提供了一个非常方便的能力。通常在进行一个复杂的程序设计时，总是根据所要完成的功能，将程序划分为一些相对独立的部分，每部分编写一个函数。从而使各部分充分独立，任务单一，程序清晰，易懂、易读、易维护。JavaScript 函数可以封装那些在程序中可能要多次用到的模块，并作为事件驱动的结果而调用的程序，从而实现一个函数并与事件驱动相关联，这是与其他语言不同的地方。JavaScript 函数定义的格式如下：

```
function 函数名 (参数表){
函数体;.
return 表达式;
}
```

说明：

当调用函数时，所用变量或字面量均可作为变元传递。函数由关键字 function 定义。

函数名：定义自己函数的名字。

参数表：是传递给函数使用或操作的值，其值可以是常量，变量或其他表达式。

通过指定函数名（实参）来调用一个函数。必须使用 return 将值返回。函数名对大小写是敏感的。

清单 4.2 是一个函数调用的例子：

清单 4.2
```html
<html>
<head>
<script>
function myFunction()
{
alert("Hello World!");
}
</script>
</head>
<body>
    <button onclick="myFunction()">单击这里</button>
</body>
</html>
```

4.6 创建和修改对象

对象一般通过 new 表达式进行创建，该表达式必须包含对象构造函数的调用。new 表达式中调用的构造函数会创建一个用于表征新对象的属性。在 JavaScript 中，new 操作符只创建了一个空对象，或者说是一个没有包含属性的对象。下面的表达式创建了一个对象，在初始状态下，该对象没有包含任何属性：

```
var my_object = new Object( );
```

这个示例中调用了 Object 的构造函数，它能够产生一个新对象，该对象中没有属性，但包含了一些方法。变量 my_object 用于引用这个新对象。即使构造函数没有参数，在调用时也必须添加括号。

利用点符号"."可以访问对象的属性，点之前是对象名称，点之后则是需要访问的属性名称。实际上，属性并不是变量，因此从来都不需要对它们进行声明。

在一些典型的面向对象的语言中，类成员的数目在编译时是固定的。但是，在 JavaScript 中，其对象中属性的数目是动态的。在解释过程中的任何时刻，都可以为对象添加属性或者从对象中删除属性。通过为对象中的某个属性赋值，就可以为对象创建这个属性。参见如下的示例：

```
// Creat an Object object
var my_car = new Object();
// Creat and initialize the make property
my_car.make = "Ford";
// Creat and initianlize model
my_car.model = "Contour SVT";
```

以上这段代码创建了一个新对象 my_car，该对象有两个属性，分别为 make 和 model。由于对象是可以嵌套的，因此可以创建一个作为 my_car 属性的新对象，该对象也拥有自己的属性：

```
my_car.engine = new Object();
my_car.engine.config = "V6";
my_car.engine.hp = 200;
```

属性的访问有两种方式。首先，任何属性都可以通过与为属性赋值的相同方式来访问，即使用"对象.属性"的格式进行访问。其次，可以将某个对象的属性作为某个数组中的元素，然后以该属性名称（以字符串字面量的形式）作为下标进行访问。例如，参见如下两个语句：

```
var prop1 = my_car.make;
var prop2 = my_car["make"];
```

执行这两个语句后，变量 prop1 和 prop2 的值都为 Ford。

如果正在访问的对象中的某个属性并不存在，那么得到的值为 undefined。利用 delete 可以从对象中删除某个属性，如下面的示例所示：

```
delete my_car.model;
```

JavaScript 中的循环结构 for-in 特别适合于列出某个对象中的所有属性。for-in 语句的格式如下：

```
for ( identifier in object)  statement or compound statement
```

参见如下示例：

```
for (var prop in my_car)
document.write("Name: ", prop, "; Value: ", my_car[prop], "<br />");
```

变量 prop 用于保存对象 my_car 中的属性值，每次循环都将一个新的属性值赋给该变量。因此，以上这段代码可以列出对象 my_car 中的所有属性。

4.6.1 Math 对象

Math 对象提供了一组 Number 对象中的属性，并提供了一些方法，能够对 Number 对象进行运算。Math 对象中包含了用于计算三角函数的方法，如 sin（计算正弦）、cos（计算余弦）。此外还包含了其他一些常用的数学运算方法，如方法 floor，可以对数值进行截尾操作；方法 round，用于将一个数值舍入为一个整数；方法 max，用于返回两个给定数中的较大数。Math 对象中的所有方法都可以通过 Math 对象进行引用，如 Math.sin(x)。

4.6.2 Number 对象

Number 对象中包含了一组非常有用的属性，这组属性是常量。表 4-3 中列出了 Number 的属性，通过 Number 对象可以引用这些属性。例如，Number.MIN_VALUE。

表 4-3　　　　　　　　　　　　　　Number 的属性

属　　性	意　　义
MAX_VALUE	可表示的最大值
MIN_VALUE	可表示的最小值
NaN	非数字
POSITIVE_INFINITY	特殊值，表示无穷大
NEGATIVE_INFINITY	特殊值，表示负向无穷大
PI	圆周率 π 的值

任何将导致错误的数学运算（如除数为零）或者计算结果无法通过双精度浮点型数值来表示的数学运算，比如计算结果太大（溢出），都将返回一个"非数字"值，显示为 NaN（Not a Number）。如果尝试将 NaN 与任何数值进行比较，比较过程都将失败。需要指出的是，在比较过程中，NaN 也并不等于自身。为了确定一个变量的值是否为 NaN，必须使用 JavaScript 中的预定义断言函数 isNaN()。例如，变量 a 的值为 NaN，那么 isNaN(a) 的返回值为 true。

对象 Number 中含有一个方法 toString，该方法继承自对象 Object，但 Number 重写了这一方法，它能够将数字从字面上转换为字符串。由于数值原始类型和 Number 对象必要时总是互相强制转换，因此，toString 方法也可以通过数值原始类型进行调用。例如：

```
var price=427
str_price=price.toString();
```

4.6.3 String 对象的属性和方法

由于 JavaScript 能够在必要时将原始类型字符串值强制转换为 String 对象或将 String 对象强制转换为字符串值，因此，String 对象和字符串类型之间的区别对脚本基本上没有影响。通过字符串的原始数据值可以直接调用 String 对象的方法。String 对象只包含了一个属性 length，但包含了很多方法。字符串中包含字符的数目可以通过属性 length 获取：

```
var str = "George";
var len = str.length;
```

在以上代码中，变量 len 的值会被设置为字符串变量 str 的长度 6。表达式 str.length 中的 str 是一个原始数据变量，但可以把它作为一个对象来使用（可以引用对象的一个属性）。实际上，当 str 和属性 length 一起使用时，JavaScript 将隐式地以一个属性构造一个临时的 String 对象，这属性的值就是相应的原始数据变量。在第二个语句执行后，将释放临时的 String 对象。表 4-4 中列出了一些最为常用的 String 方法。需要注意的是，对于 String 方法，字符位置从 0 开始计算。

例如，假定按照如下方式定义了 str：

```
var str = "George";
```

下面的表达式对上表中的方法进行了示范：

str.charAt(2) 的结果是 'o'
str.indexOf('r') 的结果是 3

```
str.substring(2,4)的结果是'org'
str.toLowerCase()的结果是'george'
```

表 4-4　　　　　　　　　　　　　　String 方法

方　　法	参　　数	返　回　值
charAt	一个数值	返回 String 对象中位于指定位置的字符
indexOf	字符串，只包含一个字符	返回参数在 String 对象中的位置
substring	两个数值	返回 String 对象中第一个参数指定的位置到第二个参数指定的位置之间的子字符串
toLowerCase	无	将字符串中所有的大写字母转换为小写字母
toUpperCase	无	将字符串中所有的小写字母转换为大写字母

4.6.4　Date 对象

编程过程中经常有机会用到当前的日期与时间。因此，如果能够创建一个表示特定日期与时间的对象并进行操作将非常方便。JavaScript 中利用 Date 对象实现了这一功能，该对象中包含了大量的方法。本节将对该对象及其方法进行讨论。

利用操作符 new 和 Date 构造函数可以很容易地创建一个 Date 对象，构造函数又可以细分为很多种不同的形式。由于我们主要关注如何使用当前的日期与时间，因此，将使用形式最简单的 Date 构造函数，这种构造函数不包含参数，能够为其属性构造一个带有当前日期和时间的对象。例如：

```
var today = new Date () ;
```

Date 对象的日期和时间属性有两种形式：本地时间和协调通用时间（Coordinated Universal Time，UTC），UTC 的正式名称为格林尼治标准时间（Greenwich Mean Time）。本节将只讨论本地时间。表 4-5 列出了 Date 对象的方法，并介绍了它们的作用。

表 4-5　　　　　　　　　　　　　　Date 对象的方法

方　　法	返　回　值
toLocaleString	一个包含了 Date 信息的字符串
getDate	当前月的日期
getMonth	当前年的月份，数值范围为 0~11
getDay	返回当前是星期几，数值范围为 0~6
getFullYear	返回年份
getTime	自 1970 年 1 月 1 日到当前的毫秒数
getHours	当前的小时数，数值范围为 0~23
getMinutes	当前的分钟数，数值范围为 0~59
getSeconds	当前的秒数，数值范围为 0~59
getMilliseconds	当前的毫秒数，数值范围为 0~999

4.6.5　屏幕输出和键盘输入

当浏览器在 HTML 文档中发现 JavaScript 脚本之后将对这些脚本进行解释。因此，对于

JavaScript 来说，其正常的屏幕输出与其宿主 HTML 的内容输出是在同一个屏幕窗口中显示的。JavaScript 可以利用 Document 对象对 HTML 文档进行建模。浏览器显示 HTML 文档所在的窗口是通过 Window 对象进行建模的。Window 对象包含两个属性，分别为 document 和 window。document 属性引用 Document 对象，window 属性是自引用的——也就是说，它引用的是 Window 对象。

Document 对象包含多个属性和方法。其中 write 方法是最有意思和最为常用的方法，它用于创建脚本输出，还可以用于动态地创建 HTML 文档内容。这些内容是作为 write 方法的参数出现的。例如，以下代码创建的 HTML 文档内容如图 4-2 所示：

```
document.write("The result is:",result,"<br />");
```

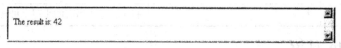

图 4-2　document.write 方法的输出示例

由于 write 方法用于创建 HTML 代码，因此其参数中唯一有用的符号就是 HTML 标签的形式。因此 write 方法的参数中经常包含
。方法 write 为其参数隐式地添加了一个转义符号"\n"，但由于浏览器在显示 HTML 时将忽略掉换行符，因此，这对输出结果没有任何影响。

write 方法的参数中可以包含任意的 HTML 标签及内容。这些参数被简单地发送到浏览器中，浏览器将这些参数和 HTML 文档中的任何其他部分同等对待。实际上，方法 write 还可以包含任意数目的参数。最终将这些参数连接起来进行输出。

如前所述，JavaScript 利用 Window 对象对浏览器窗口进行建模。Window 对象中包含了三个用于创建对话框的方法，利用这些对话框可以完成相应的用户交互。JavaScript 的默认对象是当前正在显示的 Window 对象，因此，调用这些方法时不需要包含对象引用。

方法 alert 用于打开一个对话框窗口，并将参数显示在对话框中。它还显示一个 OK 按钮。alert 方法的参数字符串不是 HTML 代码；只能是纯文本的形式。因此，该方法的参数字符串中可以包含\n，但绝对不能包含
。下面给出了一个关于 alert 方法的示例，它显示对话框窗口。

```
alert ("The sum is :"+sum+"\n" ) ;
```

方法 confirm 可以打开一个带有两个按钮的对话框窗口，参数字符串显示在对话框中，这两个按钮标签分别为 OK（确定）和 Cancle（取消）。confirm 方法的返回值为 Boolean 类型，用于判断用户究竟单击了哪一个按钮：当单击确定按钮时，返回值为 true；单击取消按钮时，返回值为 false。该方法经常用于为用户提供选择，用户自己可以确定是否继续执行某些过程。例如：

```
var question = confirm("Do you want to continue this download?") ;
```

当用户单击了 confirm 方法产生的对话框中的某个按钮之后，JavaScript 脚本将对变量 question 的值进行判断，并做出相应的反应。

方法 prompt 可用于创建一个包含文本框的对话框窗口。文本框用于收集来自用户输入的字符串，并且返回这个字符串。该方法创建的对话框窗口中也包含了两个按钮：OK 和 Cancel。方法 prompt 可以有两个参数：提醒用户输入信息的字符串和一个默认字符串，初始状态下默认字符串显示在文本框中，以防止用户在按下其中某个按钮时文本框中没有任何内容。但是，在很多情况下，这个默认字符串参数是空字符串。参见如下示例：

```
name = prompt("What is your name?","");
```

alert、prompt 以及 confirm 这三个方法会导致浏览器等待用户响应后才继续执行。对于方法 alert 和 prompt 来说，必须按下 OK 按钮之后 JavaScript 解释器才能够继续执行。对于方法 prompt 和 confirm 来说，按下任意一个按钮后，解释器都将继续执行。

清单 4.3 是利用 forms 对象集合统计表单个数的例子：

清单 4.3
```
<html>
<body>
<form name="Form1"></form>
<form name="Form2"></form>
<form name="Form3"></form>
<script type="text/javascript">
document.write("本文档包含 ")
document.write(document.forms.length + " 个表单。")
</script>
</body>
</html>
```

运行该例子输出：本文档包含 3 个表单。

4.7 数 组

JavaScript 中数组是一个带有很多特殊功能的对象。数组元素可以是原始类型的值，也可以是对其他对象的引用，甚至包含其他数组。JavaScript 中数值的长度是可以动态定义的。

4.7.1 创建 Array 对象

不同于其他大多数 JavaScript 对象，Array 对象的创建方式一共有两种。其中最常用的一种与其他对象的创建方式是一致的，即利用操作符 new 和调用构造函数进行创建。对于数组来说，其构造函数的名称为 Array：

```
var my_list = new Array(1, 2, "three", "four");
var your_list = new Array(100);
```

在第一行声明语句中，创建并初始化了一个长度为 4 的 Array 对象。需要指出的是，同一个数组中的元素并不需要是同一种类型。在第二行声明语句中，创建了一个长度为 100 的 Array 对象，但没有创建任何元素。不管什么时候调用 Array 构造函数，如果该函数只有一个参数，那么该参数一定是表示数组元素的个数，而不是一个单元素数组的初始值。

另外一种方式是利用字面数组值来创建一个 Array 对象，具体方式是将这些值放到方括号中：

```
var my_list_2 = [1, 2, "three", "four"];
```

数组 my_lis_2 的值与前面利用操作符 new 创建的 Array 对象 my_list 的值是一致的。

4.7.2 Array 对象的特征

所有 JavaScript 数组的索引都是从 0 开始的。将数值下标表达式放到方括号中可以访问相应的数组元素。一个数组的长度等于已赋值的元素所在的最大下标加上 1。例如，如果数组 my_list 有 4 个元素，执行下面的语句，那么数组 my_list 的长度为 48：

```
my_list[47] = 2222;
```

数组的长度既是可读的又是可写的，这是通过属性 length 实现的，Array 构造函数可以为每个数组对象添加这样一个 length 属性。因此，通过为属性 length 赋值可以将数组长度设定为任意值：

```
my_list.length = 1002;
```

这样，不管该数组以前的长度是多少，现在的长度就是 1002。利用这种方式来修改数组长度可能会增加、缩减或者根本不影响数组（如果赋给 length 属性的值恰好等于数组的原有长度）的长度。

实际上只有已经赋值的元素才占有空间。例如，如果 100～150 这样的数组下标比 0~99 这样的下标用起来更为方便，就可以创建一个长度为 151 的数组。但是，如果索引为 100~150 之间的数组元素赋值那么该数组将只需要 51 个元素的空间，而不需要 151 个元素的空间。需要指出的是，数组的 length 属性的值并不一定是已经定义甚至已经分配空间元素的数目。例如，下面的语句将数组 new_list 的 length 属性设定为 1002，但该数组中没有任何元素被赋值，当然也就不占任何空间：

```
my_list.length = 1002;
```

为了支持 JavaScript 的这种动态数组机制，所有的数组元素都是从堆中动态分配空间的。

下面的清单 4.4 演示了如何创建一个数组。

清单 4.4
```
<html>
<body>
<script type="text/javascript">
var mycars = new Array()
mycars[0] = "Saab"
mycars[1] = "Volvo"
mycars[2] = "BMW"
for (i=0;i<mycars.length;i++)
{
    document.write(mycars[i] + "<br />")
}
</script>
</body>
</html>
```

4.7.3 Array 方法

Array 对象中包含了一组非常有用的方法。方法 join 可将某个数组中所有的元素都转换为字符串并将它们连接成为一个字符串。如果没有为方法 join 指定参数，那么返回的新字符串中的各个值之间是用逗号隔开的。如果提供了一个字符串类型的参数，就利用该字符串参数作为各元素的分隔符：

```
var names = new Array["Mary", "Murray", "Murphy", "Max"];
var name_string = names.join(" : ");
```

最终 name_string 的值为 "Mary:Murray:Murphy:Max"。

顾名思义，通过调用 reverse 方法能够将 Array 对象元素的顺序颠倒过来。

如果数组中的某些元素不是字符串，那么方法 sort 能够将它们转换为字符串，并把所有的元素按照字母顺序进行排序。例如，采用下列语句：

```
Names.sort();
```

现在，names 数组的值为["Mary","Max","Murphy","Murray"]。

方法 concat 能够在调用它的 Array 对象末尾添加参数。例如，参见如下代码：
```
var names = new Array["Mary", "Murray", "Murphy", "Max"];
var new_names = names.concat("Moo", "Meow");
```

现在，数组 new_names 的长度为 6，除了包含数组 names 中的元素之外，还包含了"Moo"和"Meow"分别作为第 5 个和第 6 个元素。

方法 slice 对于数组的作用就相当于方法 substring 对于字符串的作用。该方法的参数指定了数组的下标范围，返回值即为由参数指定的那部分 Array 对象。返回的数组元素内容是从调用 slice 方法的数组中按照参数指定的范围截取的，但并不包含第二个参数指定的元素。例如：
```
var list = [2, 4, 6, 8, 10];
var list2 = list.slice(1,3);
```

现在，list2 的值为[4,6]。如果 slice 方法只指定了一个参数，其返回的数组则包含原数组中从指定索引开始的全部元素。例如：
```
var list = ["Bill", "Will", "Jill", "dill"];
var listette = list.slice(2);
```

此时，listette 的值为["Jill","dill"]。

通过 Array 对象调用方法 toString 可以将该对象中的每个元素（如果必要的话）都转换为字符串类型。这些字符串是相互连接并通过逗号隔开的。因此，对于 Array 对象来说，方法 toString 的作用类似于 join。

Array 对象中的 push、pop、unshift 以及 shift 方法能够在数组中实现栈和队列，方法 pop 可用于删除数组的最后一个元素，方法 push 则可向数组的最末端添加一个元素。例如下列代码：
```
var list = ["Dasher", "Dancer", "Donner", "Blitzen"];
var deer = list.pop();   //deer is "Blitzen"
list.push("Blitzen");
//This puts "Blitzen" back on list
```

方法 shift 可以删除数组中的第一个元素，而方法 unshift 可以向数组的最开始添加一个元素。参见如下代码（假定 list 是预先定义好的）：
```
var deer = list.shift(); //deer is now "Dasher"
list.unshift("Dasher");
//This puts "Dasher" back on list
```

JavaScript 中二维数组是作为数组的数组来实现的。这可以利用 new 操作符或者嵌套的数组字面量的形式来定义，如下面的代码所示：
```
var array_1 = new Array();
array_1[0] = new Array('a','b','c');
array_1[1] = 10;
document.write(array_1[0][0]);// 输出: a
```

4.8 事件驱动及事件处理

4.8.1 基本概念

JavaScript 是基于对象（object-based）的语言。这与 Java 不同,Java 是面向对象的语言。而基于对象的基本特征，就是采用事件驱动（event-driven）。它是在图形界面的环境下，使得一切输入变得简单。我们通常将鼠标或热键的动作称为事件（Event），而由鼠标或热键引发的一连串程序的动作称为事件驱动（Event Driver）。而对事件进行处理的程序或函数，我们称为事件处理程序（Event Handler）。

4.8.2 事件处理程序

在 JavaScript 中对象事件的处理通常由函数（Function）担任。其基本格式与函数全部相同，可以将前面介绍的所有函数作为事件处理程序。

格式如下：
```
Function 事件处理名（参数表）{
事件处理语句集；
……}
```

4.8.3 事件驱动

JavaScript 事件驱动中的事件是通过鼠标或热键的动作引发的。它主要有以下几个事件：

（1）单击事件（onClick）

当用户单击鼠标按钮时，产生 onClick 事件。同时 onClick 指定的事件处理程序或代码将被调用执行。通常在下列基本对象中产生：

```
button（按钮对象）
checkbox（复选框）或（检查列表框）
radio（单选钮）
reset buttons（重置按钮）
submit buttons（提交按钮）
```

例如，可通过下列按钮激活 change()事件处理程序（一个自定义的函数）：

```
<Form>
    <Input type="button" Value=" " onClick="change()">
</Form>
```

在 onClick 等号后，可以使用自己编写的函数作为事件处理程序，也可以使用 JavaScript 的内部函数，还可以直接使用 JavaScript 的代码等。例如：

```
<Input type="button" value="" onclick="alert('这是一个例子')">;
```

参见下面的清单 4.5。

清单 4.5
```
<html>
<head>
<script type="text/javascript">
function hello(){
   var name = document.getElementById("name").value;
   if( name == "") {
      alert("请输入你的姓名！");
      return false;
   } else {
      alert(name + ", 你好！");
   }
}
</script>
```

```
</head>
<body>
姓名：<input type="text" id="name" />
<input type="button" onclick="hello()" value="确定" />
</body>
</html>
```

在上面的例子中，对确定按钮设定了 onclick 事件属性，其值为 "hello()" JavaScript 函数，即当用户单击按钮时，执行 hello 函数。

（2）改变事件（onChange）

当利用 text 或 textarea 元素输入字符值改变时引发该事件，同时当在 select 表格项中一个选项状态改变后也会引发该事件。例如：

```
<Form><Input type="text" name="Test" value="Test" onChange="check()"></Form>
```

（3）选中事件（onSelect）

当 Text 或 Textarea 对象中的文字被加亮后，引发该事件。清单 4.6 演示了当用户试图选择单行/多行文本框中的内容时，会弹出一个信息提示框：

清单 4.6

```
<html>
<body>
<form>
单行文本：<input type="text" value="Hello world!" onselect="alert('文本已被选中！')" />
<br /><br />
多行文本：<textarea cols="20" rows="5" onselect="alert('文本已被选中！')">Hello world!</textarea>
</form>
</body>
</html>
```

（4）获得焦点事件（onFocus）

当用户单击 Text 或 textarea 以及 select 对象时，产生该事件。此时该对象成为前台对象。下面的例子演示了当文本输入域获得输入焦点时，自动清除文本框内的内容：

```
<html>
<body>
手机号码：<input type="text" value="请输入登录账号" onfocus="this.value=''" />
</body>
</html>
```

（5）失去焦点（onBlur）

当 text 对象或 textarea 对象以及 select 对象不再拥有焦点而退到后台时，引发该文件，它与 onFocus 事件是一个对应的关系。

（6）载入文件（onLoad）

当文档载入时，产生该事件。onLoad 的一个作用就是在首次载入一个文档时检测 cookie 的值，并用一个变量为其赋值，使它可以被源代码使用。下面的例子演示了在页面载入完成时，执行自定义的函数（见清单 4.7）：

清单 4.7

```
<html>
<head>
<script type="text/javascript">
```

```
function load(){
    alert("页面加载完成");
}
</script>
</head>
<body onload="load()">
</body>
</html>
```

（7）卸载文件（onUnload）

当 Web 页面退出时引发 onUnload 事件，并可更新 Cookie 的状态。

思考和练习题

1. 写一个交互式输入用户名和密码的程序。
2. 简述 Document 对象和 Window 对象的方法和属性。
3. 写一个程序，输入 a,b,c 三个系数，通过一个函数调用，实现计算并显示两个平方根。

第 5 章
HTML 与 JavaScript

学习要点
（1）JavaSript 的执行环境
（2）DOM 模型
（3）HTML 和 JavaScript 交互

本章讨论客户端 JavaScript 如何实现与客户端上的 HTML 文档进行交互。首先讨论客户端 JavaScript 的执行环境，也就是与文档结构相对应的对象层次。接下来简单介绍文档对象模型（Document Object Model，DOM）。然后介绍利用 JavaScript 访问 HTML 文档元素的相关技术，并利用基本的事件模型对事件和事件处理的基本概念进行介绍。最后，介绍事件对象，HTML 标签属性及标签之间的联系。

5.1 JavaScript 的执行环境

浏览器能够在客户端屏幕窗口上显示 HTML 文档，显示文档的窗口是与 JavaScript 的 Windows 对象相对应的。所有 JavaScript 变量都是某种对象的属性。对于出现在窗口的 HTML 文档中的所有 JavaScript 脚本来说，Window 对象的属性都是可见的，因此，该对象包含了所有的全局变量。当在客户端脚本中隐式地创建了一个全局变量，实际上就成为了 Window 对象的一个新属性。Window 对象为 JavaScript 脚本提供了一个最大的封闭引用环境。

JavaScript 的 Document 对象用于描述所显示的 HTML 文档。每个 Window 对象都有一个名为 document 的属性，它是针对窗口显示的 Document 对象的引用。每个 Document 对象都有一个 forms 数组，数组中的每个元素用于描述文档中的表单。forms 数组的每个元素都有一个 elements 属性数组，包含了描述 HTML 表单元素的对象，如按钮和菜单等。

5.2 文档对象模型

DOM（Document Object Model，文档对象模型）是由 W3C 从 20 世纪 90 年代中期开发的。DOM 是一种应用程序编程接口（API），定义了 HTML 文档和应用程序之间的接口。由于 DOM 必须保证能够在多种编程语言环境中使用，因此，它只能是一种抽象模型。每种实现 DOM 的语言必须定义一个针对该接口的绑定。实际的 DOM 规范包含了一组接口，其中每个接口都对应着一个文档树节点类型。这些接口类似于 Java 接口或者 C++抽象类。它们定义了与对应节点类型相关联的对象、方法和属性。通过 DOM，用户可以通过编程语言编写代码来创建文档，遍历整个文档结构，以及修改、添加或者删除文档元素或者元素中的内容。

DOM 中的文档具有树状结构，但一个文档中可能有多个树。由于 DOM 是一种抽象接口，因此，它并没有规定文档必须以多组树或者一组树的形式来实现。这样，在实现文档中，文档元素之间的关系可以通过任何方式表现。

在 JavaScript 对 DOM 的绑定中，文档的元素是对象，包含数据和操作。数据称为属性，操作称为方法。下面的清单 5.1 以及与它相对应的 DOM 树展示了它们之间的关系。

清单 5.1
```
<html>
 <head><title>A simple document </title>
 </head>
 <body>
   <table>
    <tr>
     <th> Breakfast </th>
     <td> 0  </th>
     <td> 1  </td>
    </tr>
    <tr>
     <th> Lunch  </th>
     <td> 0  </th>
     <td> 1  </td>
    </tr>
   </table>
 </body>
</html>
```
这个 HTML 对应的 DOM 结构如图 5-1 所示。

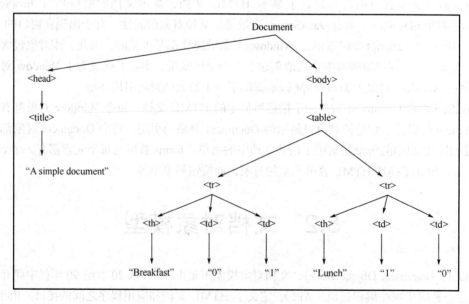

图 5-1　一个简单文档的 DOM 结构

如果一种语言要支持 DOM，则必须具有对 DOM 结构的绑定。这个绑定实际上能够保持语言结构和 DOM 元素之间的一致。在 JavaScript 对 DOM 的绑定中，HTML 元素表示为对象，而元素特性表示为属性。例如，下面的元素可以表示为一个包含两个属性的对象，这两个属性分别为 type 和 name，相应的属性值分别为 text 和 address。

```
<input type = "text" name = "address">
```

在绝大部分情况下，JavaScript 中的属性名称与 HTML 中对应的属性名称是一致的。

5.3 在 JavaScript 中访问元素

HTML 文档的元素在内嵌的 JavaScript 脚本中都有对应的对象。JavaScript 中有很多种方式可以将对象与 HTML 表单元素关联起来。最原始的方式（DOM 0）是使用 Document 对象的 forms 数组和 elements 数组，而 Document 对象是通过 Window 对象的 document 属性来引用的。参见清单 5.2：

清单 5.2
```
<html>
  <head> <title> Access to form elements </title>
  </head>
  <body>
    <form action = " ">
      <input type = "button"  name = "turnItOn" />
    </form>
  </body>
</html>
```

我们把与某种 HTML 元素相关联的 JavaScript 对象的地址称为元素的 DOM 地址。在这个示例中，如果采用 forms 数组和 elements 数组的形式进行描述，按钮的 DOM 地址则可表示为如下格式：

```
document.forms[0].elements[0]
```

采用这种方法进行元素定位的问题在于 DOM 地址是通过文档中的元素位置定义的，而这些位置可能会发生变化，也就是说，如果在表单的 turnItOn 按钮之前再添加一个新按钮，上面代码中的 DOM 地址就是错误的。

另一种 DOM 定位的方式是使用元素名称。要使用这种方法，需要定位的元素及包含它的元素都必须包含 name 特性。例如，参见清单 5.3：

清单 5.3
```
<html>
  <head> <title> Access to form elements </title>
  </head>
  <body>
    <form name = "myForm"  action = "">
      <input type = "button"  name = "turnItOn" />
    </form>
  </body>
</html>
```

采用 name 特性表示的按钮的 DOM 地址格式如下所示：

```
document.myForm.turnItOn;
```

这种方法有一个缺陷：虽然目前表单元素中的 name 特性是合法的，但 HTML1.1 标准已经不允许在表单元素中出现 name 特性。虽然在 JavaScript 客户端处理表单元素的最佳方法不是使用 name 属性，但是 name 属性却常常是表单中必不可少的元素。处理表单数据的服务器端程序和脚本，需要通过控件 name 属性的值来识别与该控件关联的表单数据值。

还有一种定位元素的方式就是利用 JavaScript 方法的 getElementById，这是在 DOM 1 中定义的。由于不管某个元素在文档中另一个元素中的嵌套层次有多深，该元素的标识符（id）在文档中都是独一无二的，因此，这种方式是可行的。例如，如果上例中按钮的 id 特性设定为 turnItOn，那么下面的代码可以表示这个按钮元素的 DOM 地址：

```
document.getElementById("turnItOn");
```

方法 getElementById 的参数可以为表达式的形式，前提是这个表达式的计算结果为字符串。在很多情况下，该方法的参数是一个字符串变量。由于 DOM 定位时最常使用 id，而表单处理代码中必须使用 name 特性，因此，表单中的元素一般同时包含 id 和 name 特性，并且将这两个特性设定为同样的值。

一组复选框中的按钮经常使用同一个名称特性值。一组单选按钮的所有按钮总是使用相同的名称特性值。在这些情况下，很明显这些单个按钮的名称无法在它们的 DOM 地址中使用。当然，每个单选按钮和复选框都可以具有 id，这样一来，可以很容易地使用方法 getElementById 对它们进行定位。但采用这种方法不能很方便地对一组单选按钮或者复选框进行搜索，以确定选中哪一个。name 和 id 特性的一个替代对象是与每组复选框或者单选按钮相关联的隐式数组。每一组都对应着一个数组，它的名称与该组的名称是一致的，数组保存了其中每个按钮的 DOM 地址。这些数组是按钮所在表单的属性。为了访问这些数组，首先必须获得表单对象的 DOM 地址。例如：

```
<form id = "vehicleGroup">
  <input type = "checkbox" name = "vehicles"
       value = "car" /> Car
  <input type = "checkbox" name = "vehicles">
       value = "truck" /> Truck
  <input type = "checkbox" name = "vehicles">
       value = "bike" /> Bike
</form>
```

上例中的隐式数组为 vehicles，该数组包含三个元素，分别引用了三个对象，这三个对象是与这组复选框中的三个复选框元素相关联的。这个数组为搜索该组中的复选框列表提供了一种非常简便的方式。如果选中按钮，那么该复选框对象的 checked 属性值将设定为 true。对于上面这个示例复选框组来说，下面的代码可以计算出处于选中状态的复选框数目：

```
var numChecked = 0;
var dom = document.getElementById("vehicleGroup");
for (index = 0; index < dom.vehicles.length; index++)
  if (dom.vehicles[index].checked)
    numChenked++;
```

采用与上面的复选框定位和处理的示例代码类似的方式，可以很容易地对单选按钮进行定位和处理。

5.4 事件与事件处理

HTML4.0 标准为文档的事件模型提供了第一个规范。有时也将这个模型称为 DOM 0 事件模型。虽然 DOM 0 事件模型的作用范围有限，但目前也只有它得到了所有支持 JavaScript 的浏览器的支持。

5.4.1 事件处理的基本概念

JavaScript 在 Web 编程中有一个非常重要类型的应用：即检测浏览器和浏览器用户的活动并为这些活动提供相应的计算。这些计算是利用一种特殊形式的编程技术，即事件驱动编程来实现的。在传统的非事件驱动编程技术中，代码本身指定了执行顺序，不过执行顺序通常还受到程序输入数据的影响。在事件驱动编程中，一部分程序的执行事件完全无法预测，一般是通过用户与执行程序的交互触发的。

事件是某些特殊情况发生时的通知，有的事件是与浏览器本身相关的，如加载完文档；而另一部分事件是由浏览器用户操作引发的，如在一个表单按钮上单击鼠标。严格来讲，事件是一个由浏览器和 JavaScript 系统为了响应某些正在发生的情况而隐式创建的对象。

事件处理程序是一个脚本，它是隐式执行的，以响应发生的相应事件。事件处理程序能够使一个 Web 文档响应浏览器和用户的活动。事件处理程序的最常见用途是当修改或者提交用户输入的表单元素时，检查元素中的简单错误或者遗漏。这就避免了在允许处理前必须由服务器常驻程序或者脚本检查其准确性，从而节省了传送数据到服务端的时间。

由于事件是 JavaScript 对象，因此它的名称也是区分大小写的。所有事件的名称都是由小写字母组成的。例如，click 是一个事件，但 Click 就不是一个事件。事件是由与特定的 HTML 元素相关联的活动创建的。例如，浏览器用户单击一个单选按钮或者一个锚标签的链接等都将引发一个 click 事件。因此，事件的名称指示事件处理相关信息中的一部分。在绝大部分情况下，还需要包括引发事件的特定 HTML 元素。

document 的 write 方法从来都不应该应用于事件处理程序中。通常情况下，事件是在整个文档显示之后才发生的，如果 write 方法出现在一个事件处理程序中，由此产生的内容将可能出现在已显示文档顶部。

将事件处理程序连接到事件的过程称为注册。对于事件处理程序注册，共有两种不同的方式，其中一种是为标签的特性赋值，另一种是将处理程序地址指派给 JavaScript 对象的事件属性。

5.4.2 事件、特性和标签

HTML 4 定义了一组事件，浏览器已经实现了这些事件，利用 JavaScript 可以对这些事件进行处理。这些事件是与 HTML 标签相关联的，表 5-1 列出了一些最常用的事件及其相关联的标签特性。

在很多情况下，同一个特性会出现在多个不同的标签中。因此，创建事件时的环境与某个标签和某个特性相关，当该特性出现在另外一个标签中时，创建事件时的情形可能会有所不同。

当用户将鼠标光标放到某个 HTML 文本元素上并单击鼠标左键时，该元素获得了焦点。当用户使用 Tab 键跳转到某个元素时，该元素也可以获得焦点。当一个文本元素获得焦点时，所有的键盘输入都将针对这个元素。很明显，同一时刻只能有一个文本元素获得焦点。当用户将鼠标光标从该元素移出并单击时，或者按 Tab 键离开这个元素时，元素将失去焦点。很明显，一个元素获得焦点时，另一个元素必定失去焦点。还有另外一些非文本元素可以获得焦点，但在那些情况下用处不大。表 5-2 列出了一些最常用的与事件相关的特性、可以包含这些特性的标签以及发生关联事件的情形。本章只讨论表 5-2 中列出的一部分内容。

表 5-1　　　　　　　　　　　　　　事件及其标签特性

事件	标签特性
blur	onblur
change	onchange
click	onclick
focus	onfocus
load	onload
mousedown	onmousedown
mousemove	onmousemove
mouseout	onmouseout
mouseover	onmouseover
mouseup	onmouseup
select	onselect
submit	onsubmit
unload	onunload

表 5-2　　　　　　　　　　　　　　事件特性及其标签

特　性	标　签	说　明
onblur	\<a\>	链接失去焦点
	\<button\>	按钮失去焦点
	\<input\>	输入元素失去焦点
	\<textarea\>	文本区域失去焦点
	\<select\>	选择元素失去焦点
onchange	\<input\>	输入元素被修改并失去焦点
	\<textarea\>	文本区域被修改并失去焦点
	\<select\>	选择元素被修改并失去焦点
onclick	\<a\>	用户单击链接
	\<input\>	用户输入元素
onfocus	\<a\>	链接获得焦点
	\<input\>	输入元素获得焦点
	\<textarea\>	文本区域获得焦点
	\<select\>	选择元素获得焦点
onload	\<body\>	文档加载完毕

续表

特 性	标 签	说 明
onmousedown	Most elements	用户单击鼠标左键
onmousemove	Most elements	用户在元素中移动鼠标光标
onmouseout	Most elements	鼠标光标从所在的元素中移出
onmouseover	Most elements	鼠标光标悬浮于元素上方
onmouseup	Most elements	释放鼠标左键
onselect	<input>	将鼠标光标移到元素上？
	<textarea>	在文本区域内选择文本区域
onsubmit	<form>	单击提交按钮
onumload	<body>	用户退出文档

前面提到，在 DOM 0 事件模型中，可以采用两种方式来注册事件处理程序。其中一种是将事件处理程序脚本指派给事件标签特性，如下面的示例所示：

```
<input type = "button"  name = "myButton"
   onclick ="alert('You clicked my button!');" />
```

在很多情况下，事件处理程序不只包含了一行语句。对于这些情况，一般采用函数的形式来定义事件处理程序，特性值的字面量字符串就是对函数的调用，分析下面的按钮元素示例：

```
<input type = "button"  name = "myButton"
     onclick = "myHandler();" />
```

5.4.3 处理主体元素的事件

由主体（body）元素创建的事件绝大部分都是 load 和 unload。考虑一种最简单的情况，即当文档主题加载完毕时，弹出一个警告信息。在清单 5.4 中，使用<body>标签的 onload 特性来指定事件处理程序。

清单 5.4

```
<html>
 <head>
   <title> onLoad event handler </title>
   <script type = "text/javascript">
   function load_greeting(){
     alert("You are visiting the home page of \n" +
       "Pete's Pickled Peppers \n" +
       "WELCOME!!!");
   }
   </script>
 </head>
 <body onload="load_greeting();">
    <body>
</html>
```

图 5-2 展示了清单 5.4 的显示效果。

这里 unload 事件可能比 load 事件更加有用。它用于在卸载文档之前（如当浏览器用户准备进入某个新文档时）进行一些清除操作。例如：当通过第二个浏览器窗口打开文档时，应

图 5-2 清单 5.4 的显示效果

该通过 unload 事件处理程序来关闭原有窗口。

5.4.4 处理按钮元素的事件

Web 文档中的按钮为搜集浏览器用户的简单输入提供了一种有效途径。通过按钮操作创建的最常用的事件为 click。

1. 普通按钮

一个普通按钮代表了一种简单情形。参考下面的按钮元素：

```
<input type = "button"  name = "freeOffer" id = "freeButton"/>
```

一个处理程序函数可以通过输入 onclick 属性来注册该按钮，如下所示：

```
<input type = "button"  name = "freeButton"
   id = "freeButton" onclick = "freeButtonHandler()"/>
```

也可以通过分配按钮对象上的相关事件属性来注册：

```
document.getElementById("freeButton").onclick=freeButtonHandler;
```

该语句必须出现在处理程序函数和表单元素之后，这样，JavaScript 才能够在为属性赋值之前看到函数和表单元素。

2. 选择框和单选按钮

清单 5.5 中包含了一组单选按钮，用户可以通过这些按钮选择某架飞机的信息。本示例用到的 click 事件用于触发对 alert 方法的调用，从而利用该方法显示所选飞机的简单描述信息。本例中对事件处理程序的调用会将所选的单选按钮的值发送给处理程序。这是处理程序确定按下了哪个单选按钮的另一种方式。

清单 5.5
```
<html>
<head>
<title> Illustrate messages for radio buttons </title>
<script type = "text/javascript">
   function planeChoice(plane){
      switch (plane) {
        case 152:
          alert("A small two-place airplane for flight training");
          break;
        case 172:
          alert("The smaller of two four-place airplanes");
          break;
        case 182:
          alert("The larger of two four-place airplanes");
          break;
        case 210:
          alert("A six-place high-performance airplane");
          break;
        default:
          alert("Error in JavaScript function planeChoice");
          break;
      }
   }
</script>
</head>
<body>
  <h4> Cessna single-engine airplane descriptions </h4>
```

```
    <form id = "myForm" action = "">
      <p>
        <input type = "radio" name = "planeButton" value = "152"
            onclick = "planeChoice(152)" />
        Model 152
        <br />
        <input type = "radio" name = "planeButton" value = "172"
            onclick = "planeChoice(172)" />
        Model 172 (Skyhawk)
        <br />
        <input type = "radio" name = "planeButton" value = "182"
            onclick = "planeChoice(182)" />
        Model 182 (Skylane)
        <br />
        <input type = "radio" name = "planeButton" value = "210"
            onclick = "planeChoice(210)" />
        Model 210 (Centurian)
      </p>
    </form>
  </body>
</html>
```

图 5-3 展示了清单 5.5 在浏览器中的显示效果。图 5-4 展示了选中其中的 Model 182 单选按钮后引发的 alert 窗口的显示效果。

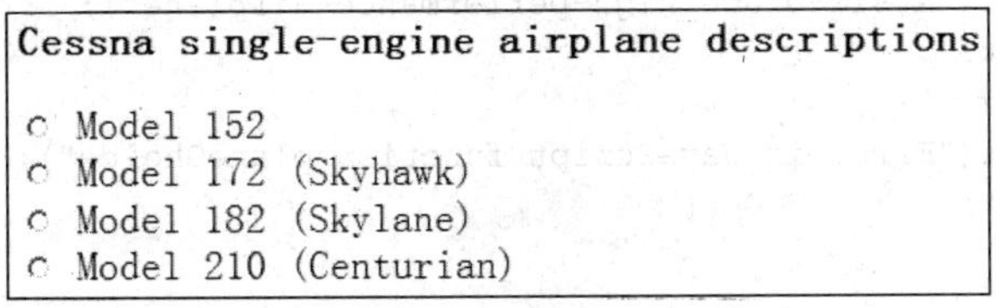

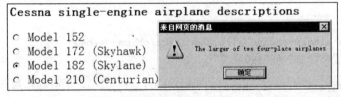

图 5-3　清单 5.5 的显示效果

图 5-4　在示例文档中按下 Model 182 按钮后的显示效果

在上一个示例文档中，是通过将要调用的事件处理程序赋值给单选按钮的 onclick 特性来完成注册的。究竟单击哪一个按钮是通过按钮元素的处理程序调用过程中发送的参数来标识的。如果不使用参数来标识，就应该在事件处理程序中包含代码来确定哪一个单选按钮被按下。

下一个示例文档的目的与上一个示例类似，但它是通过将事件处理程序的名称赋给单选按钮对象的事件属性来完成注册的。例如，下面的语句可以为第一个单选按钮注册处理程序：

```
document.getElementById("myForm").elements[0].onclick=planeChoice;
```

需要再次指出的是，该语句也必须出现在处理程序函数和 HTML 表单之后，这样 JavaScript 才能够在为属性赋值之前看到函数和表单元素（见清单 5.6）。

清单 5.6

```
<html>
<head>
```

```html
<title> Illustrate messages for radio buttons </title>
<script type = "text/javascript">
function planeChoice (plane){
//Put the DOM address of the elements array in a local variable
var dom = document.getElementById("myForm");
//Determine which button was pressed
    for (var index = 0; index < dom.planeButton.length;index++){
      if (dom.planeButton[index].checked){
         plane = dom.planeButton[index].value;
         break;
       }
     }
 // Produce an alert message about the chosen airplane
       switch (plane) {
         case 152:
           alert("A small two-place airplane for flight training");
            break;
         case 172:
           alert("The smaller of two four-place airplanes");
           break;
         case 182:
           alert("The larger of two four-place airplanes");
           break;
         case 210:
           alert("A six-place high-performance airplane");
           break;
         default:
           alert("Error in JavaScript function planeChoice");
           break;
       }
     }
     // -->
  </script>
</head>
<body>
  <h4> Cessna single-engine airplane descriptions </h4>
  <form id = "myForm" action = "">
    <p>
      <input type = "radio" name = "planeButton"  value = "152" />
      Model 152
      <br />
      <input type = "radio" name = "planeButton"  value = "172"  />
      Model 172 (Skyhawk)
      <br />
      <input type = "radio" name = "planeButton"  value = "182" />
      Model 182 (Skylane)
      <br />
      <input type = "radio" name = "planeButton"  value = "210" />
      Model 210 (Centurian)
     </p>
   </form>
    <script type = "text/javascript">
     var dom = document.getElementById("myForm");
     dom.elements[0].onclick = planeChoice;
     dom.elements[1].onclick = planeChoice;
     dom.elements[2].onclick = planeChoice;
```

```
      dom.elements[3].onclick = planeChoice;
    </script>
  </body>
</html>
```

上面的程序中，通过为事件属性赋值的方式来注册事件，就无法为事件处理函数指定参数。因此，按照这种方式进行注册的事件处理程序无法使用参数，很明显，这是该方式的一个缺陷。因此，在事件处理程序中包含了循环代码以确定究竟是哪个单选按钮引发了 click 事件。

但是，相对于通过 HTML 特性来注册事件处理程序，将事件处理程序作为属性进行注册的优点在于：在文档中将 HTML 代码和 JavaScript 代码分离是一种比较合理的处理方式。这样，可以对 HTML 文档进行模块化处理，使设计工作更加清晰，维护也更加容易。

5.4.5 文本框和密码框元素的事件

文本框和密码元素可以引发 4 种不同的事件：blur，focus，change，以及 select。

1. focus 事件

假定在将订货单提交到服务器进行处理之前，首先通过 JavaScript 预先计算该订货单的总价格并显示给客户。那么，个别爱贪便宜的用户可能会在提交订货单之前修改总价格，他们认为这种价格更改（降低）不会被服务器注意到。为防止出现类似这样对文本框的修改，可在每次用户尝试将焦点（鼠标指针）放入该文本框时，通过事件处理程序取消焦点。利用 blur 方法可以强制某个元素失去焦点。清单 5.7 展示了这个过程：

清单 5.7

```
<html>
  <head><title> The focus event </title>
    <script type = "text/javascript" >
    //The event handler function to compute the cost
    function computeCost()
    {
    var french = document.getElementById("french").value;
    var hazlenut = document.getElementById("hazlenut").value;
    var columbian = document.getElementById("columbian").value;
    //Compute the cost
    document.getElementById("cost").value =
      totalCost = french * 3.49 + hazlenut * 3.95 +columbian * 4.59;
    } //* end of computeCost
    </script>
</head>
<body>
  <form action = "">
    <h3> Coffee Order Form </h3>
    <table border = "border">
    <tr>
      <th> Product Name </th>
      <th> Price </th>
      <th> Quantity </th>
    </tr>

    <tr>
      <th> French Vanilla (1 lb.) </th>
      <td> $3.49 </td>
      <td> <input type = "text" id = "french"
```

```
                size ="2" /> </td>
       </tr>
       <tr>
         <th> Hazlenut Cream (1 lb.) </th>
         <td> $3.95 </td>
         <td> <input type = "text" id = "hazlenut"
                 size = "2" /> </td>
       </tr>
       <tr>
         <th> Colombian (1 lb.) </th>
         <td> $4.59 </td>
         <td> <input type = "text" id = "columbian"
                 size = "2" /></td>
       </tr>
     </table>

<!-- Button for precomputation of the total cost -->

     <p>
       <input type = "button" value = "Total Cost"
         onclick = "computeCost();" />
       <input type = "text" size = "5" id = "cost"
         onfocus = "this.blur();" />
     </p>
<!-- The submit and reset buttons -->

      <p>
        <input type = "submit" value = "Submit Order" />
        <input type = "reset" value = "Clear Order Form" />
      </p>
    </form>
  </body>
</html>
```

2. 验证表单输入

前面已经提到，JavaScript 的一种常见应用是验证表单输入的格式和完整性。JavaScript 的这个功能可以减轻服务器的负担，在大多数情况下，客户端的任务都不饱满。这样也会减少网络数据流量以及可以更快地对用户做出反应。

当用户没有正确填写某个表单输入元素，而 JavaScript 事件处理函数检测到这一点时，该函数应该做下面一些事情。首先，该函数应该产生一个 alert 消息，将错误信息显示给用户，并指定该输入的正确格式。接下来，是使该输入元素获得焦点，将鼠标光标定位到该元素中。这是通过 focus 方法完成的，这就必须通过 DOM 寻址元素来找回。例如，如果某个元素的 id 是手机，那么该元素使用下面的语句来获得焦点：

`document.getElementById("phone").focus();`

如果某个事件处理程序返回值为 false，那么其含义为通知浏览器不要执行该事件的任何默认操作。例如，如果某一个事件是单击提交按钮，其默认操作是将所有的表单数据提交到服务器进行处理。如果在 submit 事件发生时，其调用的事件处理程序需要验证用户输入。当检测到错误时，这个事件处理程序应该返回 false，以免将错误数据发送给服务器。按照惯例，如果事件处理程序检查表单数据时发现错误，就返回 false；否则返回 true。

如果一个表单要求用户输入密码，而且该密码将应用到将来的会话中，通常将要求用户连续两次输入同一个密码,以便进行确认。利用 JavaScript 函数可以判断这两个密码是否一致。

清单 5.8 中的表单包含两个密码输入元素、一个重置(Reset)按钮以及一个提交(Submit)按钮。在以下两种情况下都可以调用 JavaScript 函数来判断这两个密码是否一致。其一,当单击提交按钮时,onsubmit 事件可以触发这个函数调用;其二,当第二个文本框失去焦点时,blur 事件能够触发这个函数调用。该函数能够执行两种不同的检查。首先,通过判断第一个密码输入框元素的值是否为空值来确定用户是否输入了初始密码。如果此处没有输入密码,那么该函数将调用 alert 方法来产生一个错误消息,并返回 false。其次,该函数判断输入的两个密码是否一致。如果不一致,那么函数将再次调用 alert 方法生成一个错误消息,并返回 false。如果这两个密码一致,那么将返回 true。下面就是实现密码输入和检查过程的文档。

图 5-5 展示了两个密码元素已经输入内容,但还没有单击 Submit 按钮时,在浏览器中的显示效果。

图 5-5 输入密码后的显示效果

清单 5.8
```
<html>
  <head>
    <title> Illustrate password checking </title>
    <script type = "text/javascript" >
      // The event handler function for password checking

      function chkPasswords() {
        var init = document.getElementById("initial");
        var sec = document.getElementById("second");
        if (init.value == "") {
          alert("You did not enter a password \n" +
              "Please enter one now");
          init.focus();
          return false;
        }
        if (init.value != sec.value) {

          alert("The two passwords you entered are not the same \n" +
            "Please re-enter both now");
          init.focus();
          init.select();
          return false;
        } else
          return true;
      }
    </script>
  </head>
  <body>
```

```
        <h3> Password Input </h3>
        <form id = "myForm" action = "" >
          <p>
          Your password
          <input type = "password" id = "initial" size = "10" />
          <br /><br />
          Verify password
          <input type = "password" id = "second" size = "10" />
          <br /><br />

          <input type = "reset" name = "reset" />
              <input type = "submit" name = "submit" />
          </p>
        </form>
        <script type = "text/javascript">
        //Set submit button onsubmit property to the event handler
        document.getElementById("second").onblur = chkPasswords;
        document.getElementById("myForm").onsubmit = chkPasswords;
        </script>
      </body>
    </html>
```

图 5-6 展示了如果输入的两个密码不一致, 而又单击了 Submit 按钮后, 浏览器的显示效果。

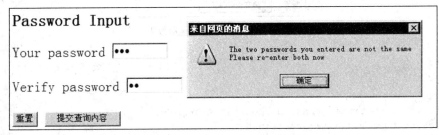

图 5-6 单击 Submit 按钮后的显示效果

接下来考虑另外一个示例，该示例能够检查从文本框部件中获取的姓名和电话号码这两个表单数据的有效性。当文本框中的值发生变化时，即引发一个 change 事件，从而可以调用一个函数来检查这两个输入值的格式是否正确。

对这两个输入框而言，如果检测到一个错误，都将产生一个 alert 消息，并调用方法 focus 和 select 来提醒用户修改输入。而 alert 消息则包含了正确格式的消息。对于姓名来说，正确的格式应该依次是姓、名和中间名首字母，其中名和姓都必须以大写字母开头，并至少包含一个小写字母。名和姓之后都必须有一个逗号，也可能有空格。中间名必须是大写字母，它之后的实心句点可有可无。在整个姓名之前或者之后不能有任何字符。用于匹配这类姓名格式的模式如下所示：

/^[A-Z][a-z]+, ?[A-Z][a-z]+, ?[A-Z]\ .?$/

需要注意模式末尾使用了锚符号^和$, 它们能够阻止在姓名之前或者之后出现字符。此外, 需要注意(在名和姓之后)空格之后和句点之后问号的应用。在这里再次指出, 问号限定符指的是可以存在零个或者一个受限子模式。反斜杠之后的句点表明它只能匹配一个句点。

美国电话号码的正确格式是三个数字加一条短划线, 接下来又是三个数字加一条短划线, 最后是 4 个数字。与姓名一样, 电话号码之前或者之后都没有字符。因此, 电话号码的模式如下所示：

/^\d{3}-\d{3}-\d{4}$/

清单 5.9 是一个完整的 HTML 示例文档，其中包含了两个文本框，用于顾客输入自己的姓名和电话号码。

清单 5.9
```html
<html>
  <head>
    <title> Illustrate form input validation </title>
    <script type = "text/javascript" >
     // The event handler function for the name text box
     function chkName() {
       var maName = document.getElementById("custName");
       //Test the format of the input name
       //Allow the spaces after the commas to be optional
       //Allow the period after the initial to be optional

       var pos = maName.value.search(
              /^[A-Z][a-z]+, ?[A-Z][a-z]+, ?[A-Z]\.?$/);
       if (pos != 0){
       alert("The name you entered("+ myName.value +
           ") is not in the correct form. \n" +
           "The corect form is:" +
           "last-name,first-name,middle-initial \n" +
           "Please go back and fix your name");
       myName.focus();
       myName.select();
       return false;
     } else
       return true;
   }

//The event handler function for the phone number text box

     function chkPhone() {
       var myPhone = document.getElementById("phone");

       //Test the format of the input phone number

         var pos = myPhone.value.search(/ ^d{3} - \d{3} - \d{4}$ /);
         if (pos != 0){
         alert("The name you entered("+ myPhone.value +
             ") is not in the correct form. \n" +
             "The corect form is:ddd-ddd-dddd \n" +
             "Please go back and fix your phone number");
         myPhone.focus();
         myPhone.select();
         return false;
       } else
         return true;
     }
    //-->
  </script>
</head>
<body>
  <h3> Customer Information</h3>
  <form action = "" >
```

```html
        <p>
            Your password
            <input type = "text" id = "custName"  onchange = "chkName();"/>
            Name (last name,frst name,middle initial)
            <br /><br />

            <input type = "text" id = "phone" />
            Phone number (ddd-ddd-dddd)
            <br /><br />

            <input type = "reset" id = "reset" />
            <input type = "submit" id = "submit" />
        </p>
    </form>
    <script type = "text/javascript"

        //Set form element object properties to their
        //corresponding event handler funcitions

        document.getElementById("custName").onchange = chkName;
        document.getElementById("phone").onchange = chkPhone;
    </script>
  </body>
</html>
```

图 5-7 展示了输入内容后在浏览器中的显示效果。其中，姓名的格式是正确的，电话号码的格式却不正确。该图显示的时候，电话号码文本框并没有失去焦点。也就是说，用户尚未按下回车键或在电话号码文本框之外单击鼠标左键。

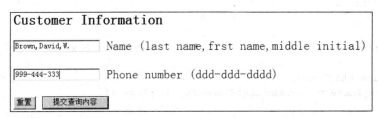

图 5-7 输入后的显示效果

图 5-8 展示了当焦点还在图 5-7 中的电话号码文本框时，按下回车键后生成的警告对话框。

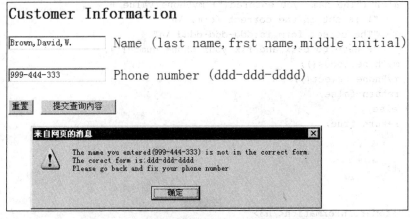

图 5-8 由于电话号码格式不正确而导致的错误消息

5.5　navigator 对象

navigator 对象表示正在用来查看 HTML 文档的浏览器。浏览器的名称存储在该对象的 appName 属性中。浏览器的版本存储在该对象的 appVersion 属性中。在脚本中使用这些属性可以确定当前正在使用的浏览器类型，并为该浏览器指定合适的程序。清单 5.10 示范了 navigator 对象的用法，清单 5.10 只显示了浏览器的名称和版本号。

清单 5.10
```html
<html>
  <head>
    <title> Using navigator </title>
    <script type = "text/javascript" >

// The event handler function to display the browser name and its version number

      function navProperties() {
        alert("The browser is: " + navigator.appName + "\n" +
          "The version number is: " + navigator.appVersion + "\n");
      }
 /
    </script>
  </head>
  <body onload = "navProperties()">
    <p />
  </body>
</html>
```

图 5-9 展示了该示例文档在 IE 中的显示结果。需要指出的是，IE 的版本号为 4。

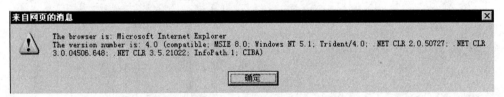

图 5-9　IE 中显示的 navigator 对象的 appName 属性和 appVersion 属性

思考和练习题

1. JavaScript 中的全局变量是什么对象的属性？
2. 在 JavaScript 对 DOM 的绑定中，如何表示 HTML 元素和特性？
3. 什么是事件？
4. 描述利用方法 getElementById 对 HTML 元素进行定位的方法。
5. 开发一个 HTML 文档，其中包含一组复选框和一个提交按钮，复选框的内容为苹果（每个 59 美分）、橘子（每个 49 美分）和香蕉（每个 39 美分）。每个复选框都应该有自己的 onclick

事件处理程序。这些事件处理程序必须能够将对应的水果价格添加到总价格中。针对提交按钮的事件处理程序必须能够产生一个 alert 窗口，其中的消息格式为 Your total cost is $xxx，其中 xxx 是所选水果的总价格加上 5%的销售税，这个处理程序必须返回 false（以免真正传送表单数据）。最后对文档进行测试和验证。

6. 开发一个类似于练习 5 的 HTML 文档。在这个示例中，使用文本框来替代复选框。这些文本框用于接收数值输入，其含义为购买水果的数目。其余部分与练习 5 的要求相同。最后对文档进行测试与验证。

第 6 章 PHP 服务器编程

学习要点
（1）PHP 的基本语法、数据类型和操作
（2）控制结构
（3）数组和函数
（4）表单处理和文件处理
（5）PHP 代码嵌套
（6）Cookie
（7）错误处理和异常处理

PHP（Hypertext Preprocessor，即超文本预处理器）是一种开源的通用计算机脚本语言，尤其适用于 Web 开发人员快速编写动态页面。PHP 的语法借鉴吸收了 C 语言、Java 和 Perl 等流行计算机语言的特点，易于一般程序员学习。一般来说 PHP 大多运行在网页服务器上，通过运行 PHP 代码来产生用户浏览的 HTML 网页。PHP 可以在多数服务器和操作系统上运行，而且使用 PHP 完全是免费的。

6.1 PHP 基本语法

6.1.1 PHP 脚本标志

PHP 的脚本块以<?php 开始，以?>结束。您可以把 PHP 的脚本块放置在文档的任何位置。PHP 文件通常会包含 HTML 标签，以及一些 PHP 脚本代码。下面提供了一段简单的 PHP 脚本，它可以向浏览器输出文本 "Hello World"（见清单 6.1）。

清单 6.1　hello_world.php

```
<html>
<body>
<?php
echo "Hello World";
?>
</body>
</html>
```

PHP 中的每个代码行都必须以分号结束。分号是一种分隔符，用于把指令集区分开来。如

果有多个语句形成作为一个整体,在控制结构中用花括号来形成复合语句。有两种通过 PHP 来输出文本的基础指令:echo 和 print。在上面的例子中,我们使用了 echo 语句来输出文本"Hello World"。

6.1.2 PHP 注释

在 PHP 中,我们使用//来编写单行注释,使用/* 和 */来编写大的注释块,如清单 6.2 所示:

清单 6.2
```
<html>
<body>
<?php
//This is a comment
/*
This is
a comment
block
*/
?>
</body>
</html>
```

6.1.3 变量命名规则

PHP 的所有变量名必须以美元符号($)开头,美元符号后面的部分与普通编程语言的变量名是一样的:一个字母或一个下划线再加上任意个(包括 0 个)字母、数字或下划线。PHP 变量名区分大小写。表 6-1 列出了 PHP 的保留字。虽然 PHP 中的变量名区分大小写,但保留字和函数的名称是不区分大小写的,例如,while、WHILE、While 以及 wHiLe 之间没有区别。

表 6-1　　　　　　　　　　　PHP 中的保留字

and	else	global	require	virtual
break	elseif	if	return	xor
case	extends	include	static	while
class	false	list	switch	
continue	for	new	this	
default	foreach	not	true	
do	function	or	var	

6.2 基本数据类型和相关操作

PHP 有四种标量类型,布尔型、整型、双精度型和字符串型;两种复合类型,数组和对象。对于初学者主要用到布尔型、整型、双精度型和字符串型和数组,因此本章只介绍这几种数据类型。

6.2.1 PHP 中的变量

PHP 中的所有变量都是以$符号开始的。由于 PHP 是一种弱类型语言(Loosely Typed

Language），不需要在设置变量之前声明该变量。根据变量被设置的方式，PHP 会自动地把变量转换为正确的数据类型。语法格式如下：

$var_name = value;

PHP 的入门者往往会忘记变量前面$符号，变量将是无效的。举例创建一个存有字符串的变量和一个存有数值的变量：

清单 6.3
```
<?php
$txt = "Hello World!";
$number = 16;
?>
```
这里$txt 是一个字符串变量，$number 是一个整数变量。

因为 PHP 动态地定义类型，所以没有类型声明语句。变量的类型随时在赋值时定义。没有被赋值的变量有时也称为未绑定的变量，值为 NULL。未绑定的变量用在表达式中，NULL 会根据上下文被强制转换为某种类型的一个值。如果上下文是一个数字，NULL 就会转换为 0；如果上下文是一个字符串，NULL 就转换为空字符串。

可以用 IsSet 函数来测试一个变量当前是否拥有一个值，该函数用变量的名称作为参数，并返回一个布尔值。例如，如果$fruit 当前的值非空（即不是 NULL），则 IsSet($fruit)返回 TRUE 值，否则返回 FALSE。一个被赋值的变量会一直保持，直到它被赋予新值或被 unset 函数设置为未赋值状态。

（1）整数类型

PHP 只有一个整数类型，叫作 integer。这种类型与 C 的 long 类型是一样的，它的大小等于运行程序的那台计算机的字大小，大多数情况下是 32 位。

（2）双精度类型

PHP 的双精度类型与 C 的 double 类型是一样的。双精度数可以包含一个小数点、一个指数或两者皆有。指数通常的格式为一个字母 E 或 e，后面可以跟一个有符号整数。小数点前面或后面不一定要有数字，如.345 和 345.都是合法的双精度数。

（3）布尔类型

布尔类型只有两种可能值：TRUE 和 FALSE，并且是不区分大小写的。虽然布尔数据类型与整型数据类型的意义是一样的，但布尔类型的上下文中可以使用其他类型的表达式。

如果在布尔类型的上下文中使用整型表达式，则 0 被求值成 FALSE，其他值被求值为 TRUE。如果在布尔类型的上下文中使用字符串表达式，则空字符串或字符串"0"被求值成 FALSE，其他值被求值为 TRUE。这就意味着字符串"0.0"会被求值为 TRUE。

由于会出现舍入偏差，以及字符串"0.0"会被求值成 TRUE 的情况，因此不提倡在布尔类型的上下文中使用双精度的表达式。有些值可能非常接近零，但由于它不等于零，所以会被求值为 TRUE。

（4）字符串类型

字符串变量用于包含字符串的值。字符串字面量可以用单引号"'"或双引号"""括起来表示。在单引号字符串字面量中，单引号仅允许\'和\\两个转义字符，其他转义字符没有特殊含义，并且内嵌变量在输出时不会用变量的值来代替（这种替代称为插值）。在双引号字符串字面量中，可以识别转义字符，并且会用当前值替换内嵌的变量。例如：字符串：

'The sum is: $sum'

会按照原样输出。但是，假设$sum 的当前值为 10.2，则字符串

```
"The sum is: $sum"
```

将会输出：

```
The sum is: 10.2
```

如果想使双引号字符串字面量中含有的变量名不被数值所替换，可以在第一个字符（即美元符号）的前面加一个反斜杠（\）。如果双引号字符串字面量中包含的变量名所对应的变量的值为空，则该变量名用空字符串来替换。双引号引用的字符串可以包含内嵌的换行符（由键盘上的回车键创建），这样的字符与在字符串中加入\n 的结果是完全一致的。

6.2.2 变量的操作

1. 算数运算符

算术运算符号对整型或者双精度类型的变量进行操作。运算符如表 6-2 所示。

表 6-2　　　　　　　　　　　算术运算符

运算符	说明	例子
+	加法	x+2
-	减法	5-x
*	乘法	x*5
/	除法	15/5
%	取余	5%2
++	自增运算	x++
--	自减运算	x--

2. 赋值运算符

赋值运算符号对变量进行赋值操作。运算符如表 6-3 所示。

表 6-3　　　　　　　　　　　赋值运算符

运算符	说明	涵义
=	x=y	x=y
+=	x+=y	x=x+y
-=	x-=y	x=x-y
*=	x*=y	x=x*y
/=	x/=y	x=x/y
.=	x.=y	x=x.y
%=	x%=y	x=x%y

3. 比较运算符

比较运算符号对变量进行比较操作。运算符如表 6-4 所示。

表 6-4　　　　　　　　　　　比较运算符

运算符	说明	例子
==	相等	5==8 returns false
!=	不相等	5!=8 returns true

续表

运算符	说明	例子
>	大于	5>8 returns false
<	小于	5<8 returns true
>=	大于或者等于	5>=8 returns false
<=	小于或者等于	5<=8 returns true

4. 逻辑运算符

逻辑运算符号进行逻辑判断操作。运算符如表 6-5 所示。

表 6-5　　　　　　　　　　　　　　逻辑运算符

运算符	说明	例子
&&	并且	x=6 y=3 (x < 10 && y > 1) returns true
||	或者	x=6 y=3 (x==5 || y==5) returns false
!	取反	x=6 y=3 !(x==y) returns true

5. 字符串运算操作和相关内置函数

在 PHP 中，只有一个并置运算符实心点 "."用于把两个字符串值连接起来，如清单 6.4 所示：

清单 6.4

```
<?php
$txt1="Hello World";
$txt2="1234";
echo $txt1 . " " . $txt2;
?>
```

以上代码的输出：

```
Hello World 1234
```

在上面的例子中使用了两次并置运算符，目的是分隔两个变量$txt1 与$txt2，在$txt1 与$txt2 之间插入了一个空格。

strlen()函数

strlen()函数用于计算字符串的长度，如清单 6.5 所示：

清单 6.5

```
<?php
echo strlen("Hello world!");
?>
```

以上代码的输出：

```
12
```

strpos()函数

strpos()函数用于在字符串内检索一段字符串或一个字符。如果在字符串中找到匹配，该函数会返回第一个匹配的位置。如果未找到匹配，则返回 FALSE。例如，参见清单 6.6：

清单 6.6
```php
<?php
echo strpos("Hello world!","world");
?>
```
以上代码的输出是:
```
6
```
正如您看到的,在我们的字符串中,字符串 "world" 的位置是 6。返回 6 而不是 7,是由于字符串中的首个位置是 0,而不是 1。

6.3 PHP 中的数组

在使用 PHP 进行开发的过程中,经常要创建相似变量的列表,这个用数组来实现。数组中的元素都有自己的键,因此可以方便地访问它们。在 PHP 中,可以采用两种方法创建数组。赋值操作可以创建标量变量,同样也可以创建数组。给一个原本不是数组的下标变量对应元素赋值,就可以创建一个数组。例如,假设尚不存在名为$list 的数组,下面的语句就可以创建该数组:

```
$list[0] = 17;
```

PHP 的数组名像 PHP 的变量一样以美元符作为开始标志。即使在赋值前脚本中已经有名为$list 的标量变量,现在$list 也会变成一个数组。如果在赋值语句中,数组方括号中的下标内容是空的,那么会提供一个隐式的数字下标值,计算的规则是如果数组已经包含具有值的元素,那么隐式的下标值为目前数组中最大的键再加上 1;如果数组目前还没有包含具有数字键的元素,那么隐含的下标值为 0。例如,在下面的语句中,第二个元素的键将为 2:

```
$list[1] = "Today is my birthday!";
$list[] = 42;
```

这个示例还说明了一个数组中的元素可以是不同类型的数据。

第二种创建数组的方法是使用 array 结构。之所以叫它结构是因为虽然使用它的语法与调用一个函数的语法相同,但它并不是函数。array 的参数指定需要放置在新数组中的值,有时还包括键。如果是传统的数组,只需指定值(PHP 解释器会自动提供整数键)。例如:

```
$list = array(17, 24, 45, 91);
```

该赋值语句创建了一个包含四个元素的传统数组,对应的键为 0、1、2、3。如果想要不同的键,可以像下面这样在数组结构中指定:

```
$list = array(1 => 17, 2 => 24, 3 => 42, 4 => 91);
```

一个括号内容为空的数组结构创建一个空数组。例如,在下面的语句中,$list 会变成一个数组内容为空的变量。

```
$list = array();
```

6.3.1 数组类型

PHP 中包含三种类型的数组:数值数组、关联数组和多维数组,下面分别论述。

(1)数值数组

数值数组存储的每个元素都带有一个数字键。可以使用不同的方法来创建数值数组,如下面的例子所示。在下面的例子中,会自动分配 ID 键:

```
$names = array("Peter","Quagmire","Joe");
```

在下面例子中,我们人工分配 ID 键。
```
$names[0] = "Peter";
$names[1] = "Quagmire";
$names[2] = "Joe";
```
可以在脚本中使用这些 ID 键。

参见清单 6.7。

清单 6.7
```
<?php
$names[0] = "Peter";
$names[1] = "Quagmire";
$names[2] = "Joe";
echo $names[1] . " and " . $names[2] . " are ". $names[0] . "'s neighbors";
?>
```
以上代码的输出为:
```
Quagmire and Joe are Peter's neighbors
```

(2)关联数组

关联数组,它的每个键都关联一个值。通过关联数组,我们可以把值作为键,并向它们赋值。如下面的例子所示,我们使用一个数组把年龄分配给不同的人:
```
$ages = array("Peter"=>32, "Quagmire"=>30, "Joe"=>34);
```
下面的例子展示了另一种创建数组的方法:
```
$ages['Peter'] = "32";
$ages['Quagmire'] = "30";
$ages['Joe'] = "34";
```
可以在脚本中使用 ID 键。

参见清单 6.8。

清单 6.8
```
<?php
$ages['Peter'] = "32";
$ages['Quagmire'] = "30";
$ages['Joe'] = "34";
echo "Peter is " . $ages['Peter'] . " years old.";
?>
```
以上脚本的输出:
```
Peter is 32 years old.
```

(3)多维数组

在多维数组中,主数组中的每个元素也是一个数组。在子数组中的每个元素也可以是数组,以此类推。在下面的例子中,我们创建了一个带有自动分配的 ID 键的多维数组:
```
$families = array
 (
  "Griffin"=>array
   (
   "Peter",
   "Lois",
   "Megan"
   ),
  "Quagmire"=>array
   (
```

```
        "Glenn"
        ),
    "Brown"=>array
        (
        "Cleveland",
        "Loretta",
        "Junior"
        )
    );
```

如果输出这个数组的话,应该类似这样:

```
Array
(
    [Griffin] => Array
        (
        [0] => Peter
        [1] => Lois
        [2] => Megan
        )
    [Quagmire] => Array
        (
        [0] => Glenn
        )
    [Brown] => Array
        (
        [0] => Cleveland
        [1] => Loretta
        [2] => Junior
        )
)
```

可以用下述代码显示上面的数组中的一个单一的值:

```
echo "Is " . $families['Griffin'][2] .
" a part of the Griffin family?";
```

以上代码的输出:

```
Is Megan a part of the Griffin family?
```

6.3.2 数组处理

1. 数组处理函数

unset 可以删除整个数组,就像删除一个标量变量一样,也可以使用 unset 删除一个数组的单个元素,如下所示:

```
$list = array(2, 4, 6, 8);
unset($list[2]);
```

执行上面的语句后,$list 剩下三个元素,对应的键为 0、1、3,元素值为 2、4、8。

is_array 函数类似于 is_int 函数:用一个变量做参数,如果变量是一个数组,就返回 TRUE,否则返回 FALSE。count 和 sizeof 函数功能是一样的,以数组作为参数,返回数组中元素的个数。

字符串和数组之间进行转换可以通过 implode 和 explode 函数完成。explode 函数可以把一个字符串分成多个子字符串,并作为一个数组返回。由 explode 的第一个参数决定子字符串的分隔符,该参数是一个字符串;第二个参数是被转换的字符串。例如,考虑下面的这段代码:

```
$str = "April in Paris, Texas is nice";
$words = explode(" ", $str);
```

现在$words 包含了("April", "in", "Paris,", "Texas", "is", "nice")。

implode 函数与 explode 函数的功能相反。对给定的数组，可以把数组的元素用参数给出的分隔符（或字符串）连起来，结果作为一个字符串返回。例如：

```
$words = array("Are", "you", "lonesome", "tonight");
$str = implode(" ", $words);
```

现在$str 的值为"Are you lonesome tonight"。

2. 数组元素按序访问

在 PHP 内部，数组的元素被存储在以链表组织的单元里，每个单元存储了元素的键和值。存储在存储器中的单元位置通过键的散列函数来确定，所以它们的位置是随机分布在一个保留的存储块中。使用字符串键访问元素需要通过散列函数完成。但是，元素都含有链表指针，这些链表指针把它们按照创建顺序连接起来，使得在键为字符串时可以按照该顺序来访问它们，如果键为数值，则按照键的数值顺序来访问。图 6-1 展示了一个数组的内部逻辑结构。

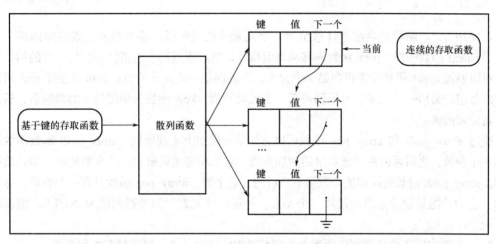

图 6-1　数组的内部逻辑结构

在 PHP 中，可以通过几种不同的方法按照顺序依次访问数组元素。每个数组都有一个内部指针或标记，可以用来引用数组的某个元素，称为当前指针。刚创建数组时，该指针指向数组的第一个元素。用户可以通过 current 函数来获取当前指针指向的元素。如下面的这段代码：

```
$cities = array("Hoboken", "Chicago", "Moab", "Atlantis");
$city = current($cities);
print("The first city is $city <br />");
```

解释这段代码后，得到的输出结果为：

```
The first city is Hoboken
```

可通过 next 函数来移动当前指针，该函数把当前指针移到下一个数组元素并返回该元素的值。如果当前指针已经指向数组的最后一个元素，则 next 函数返回 FALSE。例如，如果当前指针指向$cities 数组的第一个元素，下面这段代码会将数组的所有元素按序输出。

```
$city = current($cities);
print("$city <br />");
while ($city = next($cities))
    print("$city <br />");
```

上面这段代码在循环控制中使用了 next 函数，这里面存在一个问题，当数组的某个元素的值为 FALSE 时，会导致当前指针还没有遍历整个数组而循环却提前终止。each 函数可以避免这个问题，它可以返回一个数组，该数组包含当前指针指向的元素的键和值。只有在当前指针到达数组最后一个元素时，该函数才返回 FALSE。each 函数返回的数组的两个元素对应的键分别是为字符串"key"和"value"。each 和 next 函数还有一个区别：each 函数先返回当前指针指向的元素，然后再移动当前指针；next 函数首先移动当前指针，然后再返回当前指针指向的元素值。下面是一个使用 each 函数的示例：

```
$salaries = array("Mike" => 42500, "Jerry" => 51250, "Fred" => 37920);
while ($employee = each($salaries)) {
  $name = $employee["key"];
  $salary = $employee["value"];
  print("The salary of $name is $salary <br />");
}
```

这段代码的输出结果为：

```
The salary of Mike is 42500
The salary of Jerry is 51250
The salary of Fred is 37920
```

可使用 prev 函数把当前指针移至上一个元素（也就是说，移至当前元素前面的那一个元素）。与 next 函数一样，prev 函数先移动当前指针，然后再返回当前指针指向的元素的值。当前指针可以通过 reset 函数设置指向第一个元素，并返回第一个元素的值；也可以通过 end 函数设置指向数组的最后一个元素，并返回最后一个元素的值。key 函数会根据给出的数组名，返回数组当前元素的键。

通过 array_push 和 array_pop 函数可以方便地在数组上实现堆栈。array_push 函数用数组作为第一个参数，之后可以跟任意数量的附加参数，它的功能是将所有后续参数的值添加到数组的尾部。array_push 函数的返回值为数组更新后的元素个数。array_pop 函数只有一个参数，即数组名称。它的功能是删除数组的最后一个元素，并返回该元素。如果返回值为 NULL，则表明该数组为空。

foreach 语句用于构建循环以便逐个处理数组中的所有元素。该语句有两种形式：

```
foreach (array as scalar_variable) loop body
foreach (array as key => value) loop body
```

在第一种形式中，循环体中的每一次迭代都把数组的一个值赋给指定的标量变量。在第一次迭代之前，会隐式地初始化当前指针（就像 reset 一样）。例如：

```
foreach ($list as $temp)
  print("$temp <br />");
```

解释这段代码时，将输出$list 中所有元素的值。

第二种形式提供了每个数组元素的键和值。例如：

```
$lows = array("Mon" => 23, "Tue" => 18, "Wed" => 27);
foreach ($lows as $day => $temp)
  print("The low temperature on $day was $temp <br />");
```

6.4　PHP 中的控制结构

6.4.1　条件语句

PHP 在代码中使用条件语句来判断条件是否成立，从而执行相应的代码。

（1）if...else 语句

如果希望在某个条件成立时执行一些代码，在条件不成立时执行另一些代码，使用 if....else 语句，语法格式如下：

```
if (condition)
   code to be executed if condition is true;
else
   code to be executed if condition is false;
```

如果当前日期是周五，下面的代码将输出"Have a nice weekend!"，否则会输出"Have a nice day!"，如清单 6.9 所示：

清单 6.9

```
<html>
    <body>
    <?php
    $d=date("D");
    if ($d=="Fri")
    echo "Have a nice weekend!";
    else
    echo "Have a nice day!";
    ?>
    </body>
</html>
```

如果需要在条件成立或不成立时执行多行代码，应该把这些代码行包括在花括号中，如清单 6.10 所示：

清单 6.10

```
<html>
    <body>
    <?php
    $d=date("D");
    if ($d=="Fri")
    {
    echo "Hello!<br />";
    echo "Have a nice weekend!";
    echo "See you on Monday!";
    }
    ?>
    </body>
</html>
```

（2）elseif 语句

如果希望在多个条件之一成立时执行代码，请使用 elseif 语句：

语法

```
if (condition)
   code to be executed if condition is true;
elseif (condition)
   code to be executed if condition is true;
else
   code to be executed if condition is false;
```

如果当前日期是周五，下面的例子会输出 "Have a nice weekend!"，如果是周日，则输出 "Have a nice Sunday!"，否则输出"Have a nice day!"，如清单 6.11 所示：

清单 6.11
```
<html>
<body>
<?php
$d=date("D");
if ($d=="Fri")
echo "Have a nice weekend!";
elseif ($d=="Sun")
echo "Have a nice Sunday!";
else
echo "Have a nice day!";
?>
</body>
</html>
```

6.4.2 switch 语句

如果您希望有选择地执行若干代码块之一，请使用 switch 语句，语法格式如下：
```
switch (expression)
{
   case label1:
    code to be executed if expression = label1;
    break;
   case label2:
    code to be executed if expression = label2;
    break;
   default:
    code to be executed;
}
```

这段代码的工作原理如下：
1. 对表达式（通常是变量）进行一次计算；
2. 把表达式的值与结构中 case 的值进行比较；
3. 如果存在匹配，则执行与 case 关联的代码；
4. 代码执行后，break 语句阻止代码跳入下一个 case 中继续执行；
5. 如果没有 case 为真，则使用 default 语句。

例如，参见清单 6.12：

清单 6.12
```
<?php
switch ($x)
{
case 1:
  echo "Number 1";
  break;
case 2:
  echo "Number 2";
  break;
case 3:
  echo "Number 3";
  break;
default:
  echo "No number between 1 and 3";
```

```
}
?>
</body>
</html>
```

6.4.3　循环语句

如果需要让相同的代码块运行很多次,可以在代码中使用循环语句来完成这个任务。在 PHP 中,可以使用 while、do...while、for、foreach 来实现循环功能。

(1) while 语句

只要指定的条件成立,while 语句将重复执行代码块,语法格式如下:

```
while (condition)
 code to be executed;
```

清单 6.13 示范了一个循环,只要变量 i 小于或等于 5,代码就会一直循环执行下去。循环每循环一次,变量就会递增 1:

清单 6.13
```
<html>
<body>
<?php
$i=1;
while($i<=5)
{
echo "The number is " . $i . "<br />";
$i++;
}
?>
</body>
</html>
```

(2) do...while 语句

do...while 语句至少会执行一次代码。然后,只要条件成立,就会重复进行循环,语法格式如下:

```
do
{
code to be executed;
}
while (condition);
```

清单 6.14 将对 i 的值进行一次累加,然后,只要 i 小于 5 的条件成立,就会继续累加下去:

清单 6.14
```
<html>
<body>
<?php
$i=0;
do
  {
  $i++;
  echo "The number is " . $i . "<br />";
  }
while ($i<5);
?>
```

```
</body>
</html>
```

（3）for 语句

如果您已经确定了代码块的重复执行次数，则可以使用 for 语句，语法格式如下：

```
for (initialization; condition; increment)
{
  code to be executed;
}
```

for 语句有三个参数。第一个参数初始化变量，第二个参数保存条件，第三个参数包含执行循环所需的增量。如果 initialization 或 increment 参数中包括了多个变量，需要用逗号进行分隔。而条件必须计算为 true 或者 false。

清单 6.15 会把文本"Hello World!"显示 5 次：

清单 6.15
```
<html>
<body>
<?php
for ($i=1; $i<=5; $i++)
{
echo "Hello World!<br />";
}
?>
</body>
</html>
```

（4）foreach 语句

foreach 语句用于循环遍历数组。每进行一次循环，当前数组元素的值就会被赋值给 value 变量（数组指针会逐一地移动），以此类推，语法如下：

```
foreach (array as value)
{
    code to be executed;
}
```

清单 6.16 示范了一个循环，这个循环可以输出给定数组的值：

清单 6.16
```
<html>
<body>
<?php
$arr=array("one", "two", "three");
foreach ($arr as $value)
{
  echo "Value: " . $value . "<br />";
}
?>
</body>
</html>
```

6.5 函　　数

函数是一种可以在任何被需要的时候执行的代码块。

6.5.1 创建 PHP 函数

所有的函数都使用关键词"function"来开始，其后跟的命名函数即函数的名称应该提示出它的功能，函数名称以字母或下划线开头，后接 11。然后，按照以下步骤建函数体：

1. 添加 "{"，开口的花括号之后的部分是函数的代码。
2. 插入函数代码。
3. 添加一个 "}"，函数通过关闭花括号来结束。

例子

一个简单的函数，在其被调用时能输出"David Yang"（见清单 6.17）：

清单 6.17

```
<html>
<body>
<?php
function writeMyName()
{
    echo "David Yang";
}
writeMyName();
?>
</body>
</html>
```

6.5.2 添加参数

我们的第一个函数是一个非常简单的函数。它只能输出一个静态的字符串。因为可以添加参数，我们可以向函数添加更多的功能。参数类似一个变量。清单 6.18 将输出不同的名字，但姓是相同的。

清单 6.18

```
<html>
<body>
<?php
function writeMyName($fname)
 {
  echo $fname . " Yang.<br />";
 }
echo "My name is ";
writeMyName("David");
echo "My name is ";
writeMyName("Mike");
echo "My name is ";
writeMyName("John");
?>
</body>
</html>
```

上面的代码输出以下内容：

```
My name is David Yang.
My name is Mike Yang.
My name is John Yang.
```

下面的函数有两个参数（见清单 6.19）：

清单 6.19

```
<html>
<body>
<?php
function writeMyName($fname,$punctuation)
{
echo $fname . " Yang" . $punctuation . "<br />";
}
echo "My name is ";
writeMyName("David",".");
echo "My name is ";
writeMyName("Mike","!");
echo "My name is ";
writeMyName("John","...");
?>
</body>
</html>
```

上面的代码输出以下内容：

```
My name is David Yang.
My name is Mike Yang!
My name is John Yang...
```

6.5.3　PHP 函数返回值

函数也能用于返回值（见清单 6.20）。

清单 6.20

```
<html>
<body>
<?php
function add($x,$y)
{
$total = $x + $y;
return $total;
}
echo "1 + 16 = " . add(1,16);
?>
</body>
</html>
```

以上代码输出：

```
1 + 16 = 17
```

6.5.4　常见内置函数

（1）日期函数

date()函数可把时间戳格式化为可读性更好的日期和时间。

语法：date(format,timestamp)

format：必需，规定时间戳的格式。

timestamp：可选，规定时间戳，默认是当前的日期和时间。

date()函数的第一个参数规定了如何格式化日期/时间。它使用字母来表示日期和时间的格式。这里列出了一些可用的字母：
- d - 月中的天 (01-31)
- m - 当前月，以数字计 (01-12)
- Y - 当前的年（四位数）

可以在字母之间插入其他字符，如 "/"、"." 或者 "-"，这样就可以增加附加格式了。
参见清单 6.21。

清单 6.21
```
<?php
echo date("Y/m/d");
echo "<br />";
echo date("Y.m.d");
echo "<br />";
echo date("Y-m-d");
?>
```
以上代码的输出类似这样：
2006/07/11
2006.07.11
2006-07-11

date()函数的第二个参数规定了一个时间戳。此参数是可选的。如果您没有提供时间戳，将使用当前的时间。

（2）数据类型判断函数

在 PHP 中有专门的函数来判断数据的类型，这就是 is 系列函数。常用的判断数据类型函数见表 6-6。

表 6-6　　　　　　　　　　　数据类型判断函数

函 数 名	作　　用	返　　回　　值
is_array(var)	判断变量是否为数组	如果参数 var 是数组就返回 True，否则返回 False
is_bool(var)	判断变量是否为布尔型	如果参数 var 是布尔型值（即 True 或 False）就返回 True，否则返回 False
is_float(var)	判断变量是否为浮点数	果参数 var 是浮点数则返回 True，否则返回 False
is_int(var)	判断变量是否为整型变量	如果参数 var 为整型变量 INT 则返回 True，否则返回 False
is_null(var)	判断变量是否为 NULL 值	如果参数 var 未被定义或者被设置为 NULL 或者虽然已经被定义但又被 unset()取消定义，则返回 True，否则返回 False
is_numeric(var)	判断变量是否为数字或者数字字符串	如果参数 var 为数字或者数字字符串则返回 True，否则返回 False
is_string(var)	判断变量是否为字符串	如果参数 var 为字符串返回 True，否则返回 False
isset(var)	判断变量是否设置	如果变量存在就返回 True，否则返回 False。另外被设置为 NULL 值的变量在使用 isset()时也将返回 False。该函数只能用于变量，因为传递任何其他参数都将造成解析错误

（3）数学函数

PHP 中的数学计算函数能对数据进行各种数学计算，见表 6-7。

表 6-7　　　　　　　　　　　　　　　数学函数

函 数 名	作　　用	返 回 值
abs(var)	绝对值函数，返回参数 var 的绝对值	如果参数为正，直接返回；如果为负，去掉负号后返回
ceil(value)	进一法取整数函数，返回不小于参数 value 的下一个整数	如果参数为整型数，直接返回参数；如果参数为浮点型数，则返回值为参数的小数部分进一位
exp(arg)	计算指数函数，计算 e 的指数次方。	用 e 作为自然对数的底 2.718282 返回 e 的 arg 次方值
floor(value)	舍去法取整数函数，返回不大于参数 value 的下一个整数	如果参数为整型数，直接返回参数；如果参数为浮点型数，则返回值为参数舍去小数部分后的值
log10()	计算对数函数。返回以 10 为底的对数	返回以 10 为底的对数值
sqrt(arg)	计算平方根函数。返回参数 arg 的平方根	返回参数 arg 的平方根

6.6　表 单 处 理

表单处理是 Web 页面经常涉及的操作，可在同一个定义了表单的 HTML 文档中内嵌一段 PHP 脚本来处理表单数据，也可以使用两个分离的文档，这会使得程序更加清晰。对于后一种方法，定义了表单的文档可使用<form>标签的 action 特性来指定处理表单数据的文档。下面是一个实例（见清单 6.22）。

清单 6.22

```
<html>
<body>
<form action="welcome.php" method="post">
Name: <input type="text" name="name" />
Age: <input type="text" name="age" />
<input type="submit" />
</form>
</body>
</html>
```

上面的 HTML 页面实例包含了两个输入框和一个提交按钮。当用户填写该表单并单击提交按钮时，表单的数据会被送往 welcome.php（清单 6.23）来处理。

清单 6.23

```
<html>
<body>
Welcome <?php echo $_POST["name"]; ?>.<br />
You are <?php echo $_POST["age"]; ?> years old.
</body>
</html>
```

假定上面这个脚本分别输出输入"John"和"28",则:
```
Welcome John.
You are 28 years old.
```
(1) $_GET 变量

$_GET 变量是一个数组,内容是由 HTTP GET 方法发送的变量名称和值。$_GET 变量用于收集来自 method="get" 的表单中的值,例子如下:
```
<form action="welcome.php" method="get">
Name: <input type="text" name="name" />
Age: <input type="text" name="age" />
<input type="submit" />
</form>
```
当用户单击提交按钮时,发送的 URL 会类似这样:
```
http://www.w3school.com.cn/welcome.php?name=Peter&age=37
```
"welcome.php"文件现在可以通过$_GET 变量来获取表单数据了(请注意,表单域的名称会自动成为$_GET 数组中的 ID 键):
```
Welcome <?php echo $_GET["name"]; ?>.<br />
You are <?php echo $_GET["age"]; ?> years old!
```
在使用$_GET 变量时,所有的变量名和值都会显示在 URL 中。所以在发送密码或其他敏感信息时,不应该使用这个方法。不过,正因为变量显示在 URL 中,因此可以在收藏夹中收藏该页面。HTTP GET 方法不适合大型的变量值;值是不能超过 100 个字符的。

(2) $_POST 变量

$_POST 变量是一个数组,内容是由 HTTP POST 方法发送的变量名称和值。$_POST 变量用于收集来自 method="post"的表单中的值。从带有 POST 方法的表单发送的信息,对任何人都是不可见的(不会显示在浏览器的地址栏),并且对发送信息的量也没有限制。

例子:
```
<form action="welcome.php" method="post">
Enter your name: <input type="text" name="name" />
Enter your age: <input type="text" name="age" />
<input type="submit" />
</form>
```
当用户单击提交按钮时,URL 不会含有任何表单数据,看上去类似这样:
```
http://www.w3school.com.cn/welcome.php
```
"welcome.php" 文件现在可以通过$_POST 变量来获取表单数据了(请注意,表单域的名称会自动成为$_POST 数组中的 ID 键):
```
Welcome <?php echo $_POST["name"]; ?>.<br />
You are <?php echo $_POST["age"]; ?> years old!
```
(3) $_REQUEST 变量

PHP 的 $_REQUEST 变量包含了 $_GET, $_POST 以及 $_COOKIE 的内容。PHP 的 $_REQUEST 变量可用来取得通过 GET 和 POST 方法发送的表单数据的结果,例如:
```
Welcome <?php echo $_REQUEST["name"]; ?>.<br />
You are <?php echo $_REQUEST["age"]; ?> years old!
```
以上代码可以取得同样效果。

(4) 创建文件上传表单

第一步:创建供上传文件的 HTML 表单(见清单 6.24)

清单 6.24
```
<html>
<body>
<form action="upload_file.php" method="post"
enctype="multipart/form-data">
<label for="file">Filename:</label>
<input type="file" name="file" id="file" />
<br />
<input type="submit" name="submit" value="Submit" />
</form>
</body>
</html>
```
请留意如下有关此表单的信息：

<form>标签的 enctype 属性规定了在提交表单时要使用哪种内容类型。在表单需要二进制数据时，如文件内容，请使用 "multipart/form-data"。

<label>标签的 for 属性相当于 id 属性。

<input>标签的 type="file"属性规定了应该把输入作为文件来处理。举例来说，当在浏览器中预览时，会看到输入框旁边有一个浏览按钮。

第二步：创建供上传文件的代码"upload_file.php"（见清单 6.25）

清单 6.25
```
<?php
if ($_FILES["file"]["error"] > 0)
 {
 echo "Error: " . $_FILES["file"]["error"] . "<br />";
 }
else
 {
 echo "Upload: " . $_FILES["file"]["name"] . "<br />";
 echo "Type: " . $_FILES["file"]["type"] . "<br />";
 echo "Size: " . ($_FILES["file"]["size"] / 1024) . " Kb<br />";
 echo "Stored in: " . $_FILES["file"]["tmp_name"];
 }
?>
```

通过使用 PHP 的全局数组$_FILES，你可以从客户计算机向远程服务器上传文件。第一个参数是表单中 input 组件的 name 属性值，第二个下标可以是"name"，"type"，"size"，"tmp_name"或 "error"，其涵义如下：

- name：被上传文件的名称
- type：被上传文件的类型
- size：被上传文件的大小，以字节计
- tmp_name：存储在服务器的文件的临时副本的名称
- error：由文件上传导致的错误代码

第三步：上传文件大小限制

在清单 6.26 中，我们增加了对文件上传的限制。用户只能上传.gif 或.jpeg 文件，文件大小必须小于 20kb：

清单 6.26
```
<?php
```

```php
if ((($_FILES["file"]["type"] == "image/gif")
|| ($_FILES["file"]["type"] == "image/jpeg")
|| ($_FILES["file"]["type"] == "image/pjpeg"))
&& ($_FILES["file"]["size"] < 20000))
  {
  if ($_FILES["file"]["error"] > 0)
    {
    echo "Error: " . $_FILES["file"]["error"] . "<br />";
    }
  else
    {
    echo "Upload: " . $_FILES["file"]["name"] . "<br />";
    echo "Type: " . $_FILES["file"]["type"] . "<br />";
    echo "Size: " . ($_FILES["file"]["size"] / 1024) . " Kb<br />";
    echo "Stored in: " . $_FILES["file"]["tmp_name"];
    }
  }
else
  {
  echo "Invalid file";
  }
?>
```

第四步：保存被上传的文件

上面的例子在服务器的 PHP 临时文件夹创建了一个被上传文件的临时副本。这个临时的复制文件会在脚本结束时消失。要保存被上传的文件，我们需要把它拷贝到另外的位置。具体代码如清单 6.27 所示：

清单 6.27

```php
<?php
if ((($_FILES["file"]["type"] == "image/gif")
|| ($_FILES["file"]["type"] == "image/jpeg")
|| ($_FILES["file"]["type"] == "image/pjpeg"))
&& ($_FILES["file"]["size"] < 20000))
  {
  if ($_FILES["file"]["error"] > 0)
    {
    echo "Return Code: " . $_FILES["file"]["error"] . "<br />";
    }
  else
    {
    echo "Upload: " . $_FILES["file"]["name"] . "<br />";
    echo "Type: " . $_FILES["file"]["type"] . "<br />";
    echo "Size: " . ($_FILES["file"]["size"] / 1024) . " Kb<br />";
    echo "Temp file: " . $_FILES["file"]["tmp_name"] . "<br />";
    if (file_exists("upload/" . $_FILES["file"]["name"]))
      {
      echo $_FILES["file"]["name"] . " already exists. ";
      }
    else
      {
      move_uploaded_file($_FILES["file"]["tmp_name"],
      "upload/" . $_FILES["file"]["name"]);
      echo "Stored in: " . "upload/" . $_FILES["file"]["name"];
      }
```

```
    }
  }
else
  {
  echo "Invalid file";
  }
?>
```

上面的脚本检测了是否已存在此文件,如果不存在,则把文件拷贝到指定的文件夹。这个例子把文件保存到了名为"upload"的新文件夹。

6.7 文件处理

6.7.1 打开文件

fopen()函数用于在 PHP 中打开文件。此函数的第一个参数含有要打开的文件的名称,第二个参数规定了使用哪种模式来打开文件(见清单 6.28):

清单 6.28
```
<html>
<body>
<?php
$file=fopen("welcome.txt","r");
?>
</body>
</html>
```

文件可能通过下列模式来打开(见表 6-8):

表 6-8　　　　　　　　　　　　文件打开模式

模　式	描　述
r	只读。在文件的开头开始
r+	读/写。在文件的开头开始
w	只写。打开并清空文件的内容;如果文件不存在,则创建新文件
w+	读/写。打开并清空文件的内容;如果文件不存在,则创建新文件
a	追加。打开并向文件的末端进行写操作,如果文件不存在,则创建新文件
a+	读/追加。通过向文件末端写内容,来保持文件内容
x	只写。创建新文件。如果文件已存在,则返回 FALSE
x+	读/写。创建新文件。如果文件已存在,则返回 FALSE 和一个错误 注释:如果 fopen()无法打开指定文件,则返回 0(false)

6.7.2 关闭文件

fclose()函数用于关闭打开的文件(见清单 6.29)。

清单 6.29
```
<?php
```

```php
$file = fopen("test.txt","r");
//some code to be executed
fclose($file);
?>
```

6.7.3 检测是否到达文件末尾

feof()函数检测是否已达到文件的末端（EOF）。在遍历未知长度的文件时，feof()函数很有用。

注释：在 w、a 以及 x 模式，您无法读取打开的文件！

```php
if (feof($file)) echo "End of file";
```

6.7.4 逐行读取文件

fgets()函数用于从文件中逐行读取文件。在调用该函数之后，文件指针会移动到下一行。下面的例子逐行读取文件，直到文件末端为止（见清单 6.30）：

清单 6.30

```php
<?php
$file = fopen("welcome.txt", "r") or exit("Unable to open file!");
//Output a line of the file until the end is reached
while(!feof($file))
  {
     echo fgets($file) . "<br />";
  }
fclose($file);
?>
```

6.7.5 逐字符读取文件

fgetc()函数用于从文件逐字符地读取文件。在调用该函数之后，文件指针会移动到下一个字符。下面的例子逐字符地读取文件，直到文件末端为止（见清单 6.31）：

清单 6.31

```php
<?php
$file=fopen("welcome.txt","r") or exit("Unable to open file!");
while (!feof($file))
  {
   echo fgetc($file);
  }
fclose($file);
?>
```

6.8 代码片段嵌套

在 PHP 中，您能够在服务器执行 PHP 文件之前把该文件插入另一个 PHP 文件中。include 和 require 语句用于在执行流中向其他文件插入有用的代码。include 和 require 很相似，除了在错误处理方面的差异：（1）require 会产生致命错误（E_COMPILE_ERROR），并停止脚本；（2）include 只会产生警告（E_WARNING），脚本将继续。包含文件省去了大量的工作。这意味着您可以为所有页面创建标准页头、页脚或者菜单文件。然后，在页头需要更新时，您只需更新这个页头包含文件即可。

语法

```
include 'filename';
```

或者

```
require 'filename';
```

假设有一个标准的页头文件，名为 "header.php"。如需在页面中引用这个页头文件，请使用 include/require（见清单 6.32）：

清单 6.32

```
<html>
<body>
<?php include 'header.php'; ?>
<h1>Welcome to my home page!</h1>
<p>Some text.</p>
</body>
</html>
```

假设我们有一个在所有页面中使用的标准菜单文件 menu.php：

```
echo '<a href="/default.php">Home</a>
<a href="/tutorials.php">Tutorials</a>
<a href="/references.php">References</a>
<a href="/examples.php">Examples</a>
<a href="/about.php">About Us</a>
<a href="/contact.php">Contact Us</a>';
```

网站中的所有页面均应引用该菜单文件。具体的做法如清单 6.33 所示：

清单 6.33

```
<html>
<body>

<div class="leftmenu">
<?php include 'menu.php'; ?>
</div>
<h1>Welcome to my home page.</h1>
<p>Some text.</p>
</body>
</html>
```

6.9　Cookie

Cookie 是一小段文本信息，伴随着用户请求和页面在 Web 服务器和浏览器之间传递。用户每次访问站点时，Web 应用程序都可以读取 Cookie 包含的信息。假设在用户请求访问您的网站 http://www.contoso.com/ 上的某个页面时，您的应用程序发送给该用户的不仅仅是一个页面，还有一个包含日期和时间的 Cookie。用户的浏览器在获得页面的同时还得到了这个 Cookie，并且将它保存在用户硬盘上的某个文件夹中。

以后，如果该用户再次访问您站点上的页面，当该用户输入 URL http://www.contoso.com/

时，浏览器就会在本地硬盘上查找与该 URL 相关联的 Cookie。如果该 Cookie 存在，浏览器就将它与页面请求一起发送到您的站点，您的应用程序就能确定该用户上一次访问站点的日期和时间。您可以根据这些信息向用户发送一条消息，也可以检查过期时间或执行其他有用的功能。

Cookie 是与 Web 站点而不是与具体页面关联的，所以无论用户请求浏览站点中的哪个页面，浏览器和服务器都将交换 http://www.contoso.com/的 Cookie 信息。用户访问其他站点时，每个站点都可能会向用户浏览器发送一个 Cookie，而浏览器会将所有这些 Cookie 分别保存。

Cookie 最根本的用途是 Cookie 能够帮助 Web 站点保存有关访问者的信息。更概括地说，Cookie 是一种保持 Web 应用程序连续性（即执行"状态管理"）的方法。浏览器和 Web 服务器除了在短暂的实际信息交换阶段以外总是断开的，而用户向 Web 服务器发送的每个请求都是单独处理的，与其他所有请求无关。然而在大多数情况下，都有必要让 Web 服务器在您请求某个页面时对您进行识别。例如，购物站点上的 Web 服务器跟踪每个购物者，以便站点能够管理购物车和其他的用户相关信息。因此 Cookie 的作用就类似于名片，它提供了相关的标识信息，可以帮助应用程序确定如何继续执行。

6.9.1 创建 cookie

setcookie()函数用于设置 cookie。

注释：setcookie()函数必须位于<html>标签之前。

语法

setcookie(name, value, expire, path, domain);

在下面的例子中，我们将创建名为 "user" 的 cookie，为它赋值 "Alex Porter"，也规定了此 cookie 在一小时后过期：

清单 6.34
```
<?php
setcookie("user", "Alex Porter", time()+3600);
?>
<html>
<body>
</body>
</html>
```

在发送 cookie 时，cookie 的值会自动进行 URL 编码，在取回时进行自动解码（为防止 URL 编码，请使用 setrawcookie()取而代之）。

6.9.2 取回 cookie 的值

PHP 的$_COOKIE 变量用于取回 cookie 的值。在清单 6.35 中，我们取回了名为"user"的 cookie 的值，并把它显示在了页面上：

清单 6.35
```
<?php
// Print a cookie
echo $_COOKIE["user"];
// A way to view all cookies
print_r($_COOKIE);
?>
```

print_r 的作用是将一个数组中所有的内容都显示出来。

在清单 6.36 中，我们使用 isset() 函数来确认是否已设置了 cookie：

清单 6.36

```
<html>
<body>
<?php
if (isset($_COOKIE["user"]))
echo "Welcome " . $_COOKIE["user"] . "!<br />";
else
echo "Welcome guest!<br />";
?>
</body>
</html>
```

6.9.3 删除 cookie

当删除 cookie 时，您应当使过期日期变更为过去的时间点，如清单 6.37 所示：

清单 6.37

```
<?php
// set the expiration date to one hour ago
setcookie("user", "", time()-3600);
?>
```

6.10 错 误 处 理

在创建脚本和 Web 应用程序时，错误处理是一个重要的部分。基本的错误处理使用 die() 函数来显示错误提示信息，并终止当前脚本的执行。例如，在访问文件之前检测该文件是否存在（见清单 6.38）：

清单 6.38

```
<?php
if(!file_exists("welcome.txt"))
 {
 die("File not found");
 }
else
 {
 $file=fopen("welcome.txt","r");
 }
?>
```

现在，假如文件不存在，您会得到类似这样的错误消息：

`File not found`

它采用了一个简单的错误处理机制在错误之后终止了脚本。

6.11 异 常

PHP 提供了一种新的面向对象的错误处理方法。异常处理用于在指定的错误（异常）情况发生时改变脚本的正常流程。这种情况称为异常。下面介绍异常的基本使用以及如何创建自定义的异常处理器。

6.11.1 异常的基本使用

当异常被抛出时，其后的代码不会继续执行，PHP 会尝试查找匹配的 catch 代码块。如果异常没有被捕获，而且又没有使用 set_exception_handler()作相应的处理的话，那么将发生一个严重的错误（致命错误），并且输出 "Uncaught Exception"（未捕获异常）的错误消息。我们需要创建适当的代码来处理异常。正确的处理程序应当包括：

1. try：使用异常的函数应该位于 try 代码块内。如果没有触发异常，则代码将照常继续执行。但是如果异常被触发，会抛出一个异常。
2. throw：这里规定如何触发异常。每一个 throw 必须对应至少一个 catch。
3. catch：catch 代码块会捕获异常，并创建一个包含异常信息的对象。

让我们触发一个异常（见清单 6.39）：

清单 6.39
```php
<?php
//创建可抛出一个异常的函数
function checkNum($number)
 {
 if($number>1)
  {
  throw new Exception("Value must be 1 or below");
  }
 return true;
 }

//在 "try" 代码块中触发异常
try
 {
 checkNum(2);
 //If the exception is thrown, this text will not be shown
 echo 'If you see this, the number is 1 or below';
 }

//捕获异常
catch(Exception $e)
 {
 echo 'Message: ' .$e->getMessage();
 }
?>
```

上面代码将获得类似这样一个错误：
`Message: Value must be 1 or below`
上面的代码抛出了一个异常，并捕获了它：
1. 创建 checkNum()函数。它检测数字是否大于 1。如果是，则抛出一个异常。
2. 在 "try" 代码块中调用 checkNum()函数。
3. checkNum()函数中的异常被抛出。
4. "catch"代码块接收到该异常，并创建一个包含异常信息的对象（$e）。

131

5. 通过从这个 exception 对象调用 $e->getMessage()，输出来自该异常的错误消息。

6.11.2 创建一个自定义的 Exception 类

创建自定义的异常处理程序非常简单。我们简单地创建了一个专门的类，当 PHP 中发生异常时，可调用其函数。该类必须是 exception 类的一个扩展。这个自定义的 exception 类继承了 PHP 的 exception 类的所有属性，您可向其添加自定义的函数。我们开始创建 exception 类（见清单 6.40）：

清单 6.40
```php
<?php
class customException extends Exception
 {
 public function errorMessage()
  {
  //error message
  $errorMsg = 'Error on line '.$this->getLine().' in '.$this->getFile()
 .': <b>'.$this->getMessage().'</b> is not a valid E-Mail address';
  return $errorMsg;
  }
 }

$email = "someone@example...com";
try
 {
 //check if
 if(filter_var($email, FILTER_VALIDATE_EMAIL) === FALSE)
  {
  //throw exception if email is not valid
  throw new customException($email);
  }
 }

catch (customException $e)
 {
 //display custom message
 echo $e->errorMessage();
 }
?>
```

这个新的类是旧的 exception 类的副本，外加 errorMessage()函数。正因为它是旧类的副本，因此它从旧类继承了属性和方法，我们可以使用 exception 类的方法，如 getLine()、getFile()以及 getMessage()。上面的代码抛出了一个异常，并通过一个自定义的 exception 类来捕获它。

1. customException()类是作为旧的 exception 类的一个扩展来创建的。这样它就继承了旧类的所有属性和方法。
2. 创建 errorMessage()函数。如果 e-mail 地址不合法，则该函数返回一条错误消息。
3. 把$email 变量设置为不合法的 e-mail 地址字符串。
4. 执行"try"代码块，由于 e-mail 地址不合法，因此抛出一个异常。
5. "catch"代码块捕获异常，并显示错误消息。

思考和练习题

1. 简述 PHP 的数据类型。
2. 编写 PHP 程序实现在 Web 上的用户交互。
3. 在 PHP 代码中添加异常处理，使程序更完整。

第 7 章 PHP 深度编程

学习要点

（1）会话处理
（2）处理 E-mail
（3）过滤器
（4）处理 XML

本章将分别介绍如何在 PHP 中进行会话管理，如何收发 E-mail，如何利用过滤器对输入和表单进行验证，最后介绍如何在 PHP 中对 XML 文档进行处理。

7.1 会话处理

当运行一个应用程序时，用户会打开它，做些更改，然后关闭它，这是一次会话。计算机知道用户何时启动应用程序，并在何时终止。但是在因特网上，服务器不知道用户是谁以及用户做什么，这是由于 HTTP 地址不能维持状态。Web 服务器要存储客户的信息有两种方法：使用 cookie 和使用会话跟踪。

会话跟踪技术可以代替 cookie 技术在会话期间存储客户的信息。使用这种技术时，信息被存储在服务器上一个对象中，该对象通常被称为会话对象。对一个会话对象所存储的信息量没有限制，而一个 cookie 则只能存储一个名/值对。会话对象只在会话持续的时间内有效，即它们的生存期等于创建它们的会话期。

在会话期间，分配客户唯一的一个 sessionID 用来标识当前用户，与其他用户进行区分。会话过程中的信息如何存储是可以配置的，在 php.ini 中配置如下：

```
session.save_handler = files|mm|sqlite|user
```

它表示会话中的信息可以用四种方法存储，分别是：文件，内存，SQLite 数据库，用户定义函数。默认是在文件中。会话存储文件的数量可能会达到几千，甚至几十万。共享内存管理会话速度最快，但也最不可靠。SQLITE 会在本地建一个数据库文件来进行存储；用户函数是最方便，灵活的一种，它可以让用户自己定义一个方法，在这个方法里，用户可以将信息储存在任何媒介上。如果用户设置的是 files，将信息储存在文件上，那么可能会设置文件的目录：

```
session.save_path = /abc（默认地址是 Web 服务器根目录下的/tmp 目录）。
```

7.1.1 会话处理函数用法

在把用户信息存储到 PHP 会话之前，首先必须启动会话，如清单 7.1 所示。

清单 7.1 start_session.php

```
<?php session_start(); ?>
<html>
<body>  </body>
</html>
```

注意，这里的 session_start()函数必须位于<html>标签之前，这段代码会向服务器注册用户的会话，以便开始保存用户信息。之后就可以使用$_SEESION 超全局数组访问变量了。表 7-1 列出了常用的会话操作函数。

表 7-1　　　　　　　　　　　　常用 session 操作函数

boolean session_start(void)	初始化一个会话或者返回一个已经存在的会话，这个函数没有参数，且返回值均为 true。最好将这个函数置于最先，而且在它之前不能有任何输出
void session_unset (void)	删除所有已注册的变量
boolean session_name(string [name])	这个函数可取得或重新设置当前 session 的名称。若无参数 name 则表示获取当前 session 名称，加上参数则表示将 session 名称设为参数 name
session_module_name	存取目前 session 模块
session_save_path	存取目前 session 路径
session_id	存取目前 session 代号
boolean session_register(string name)	注册新的变量，这个函数是在全局变量中增加一个变量到当前的 SESSION 中，参数 name 就是想要加入的变量名，成功则返回逻辑值 true。可以用$_SESSION[name]或$HTTP_SESSION_VARS[name]的形式来取值或赋值
boolean session_session_unregister (string name)	删除已注册变量，这个函数在当前的 session 之中删除全局变量中的变量。参数 name 就是欲删除的变量名，成功则返回 true
boobean session_is_registered(string name)	检查变量是否注册，这个函数可检查当前的 session 之中是否已有指定的变量注册，参数 name 就是要检查的变量名。成功则返回逻辑值 true
boolean session_destroy(void)	这个函数结束当前的 session，如果此函数没有参数，且返回值均为 true

清单 7.2 显示了使用$_SESSION 数组进行变量存储和取回的过程。

清单 7.2

```
<?php
session_start();
// store session data
$_SESSION['views']=1;
?>
<html>
<body>
<?php
//retrieve session data
echo "Pageviews=". $_SESSION['views'];
?>
```

```
</body>
</html>
```
输出：
```
Pageviews=1。
```
在下面的清单 7.3 中，我们进行会话变量的设置，并获取会话 id。

清单 7.3
```
//开启一个 session 会话,或者返回已经存在的 session
session_start();
//设置 session 变量
$_SESSION['USER']='admin';
$_SESSION['username']='admin_root';
//获得 session_id()
echo session_id().'<br>';
```
如果希望删除某些 session 数据，可以使用 unset()或 session_destroy()函数。unset()函数用于释放指定的 session 变量，如清单 7.4 所示：

清单 7.4
```
<?php
 unset($_SESSION['USER']);
 unset($_SESSION['username']);
?>
```
也可以通过 session_destroy()函数彻底终结 session，如清单 7.5 所示：

清单 7.5
```
<?php
    session_destroy();
?>
```
注意 session_destroy() 将重置 session，您将失去所有已存储的 session 数据。

7.1.2 会话例子演示

这里演示一个用户登录和密码的例子（见清单 7.6、清单 7.7、清单 7.8 和清单 7.9）。首先要建立一个 global 数组$login，一定要定义为 global，不然其他页面用不了，其中$login['name']="hjy"，$login['pwd']="123"，然后调用函数 session_register()注册。在其他页面，调用 session_is_registered()判断$login 是否注册。

清单 7.6 index.htm
```
<html>
<head>
<title>测试</title>
</head>
<body>
<form method=POST action="login.php">
用户名:<INPUT TYPE="text" NAME="name"><br/>
密码:<INPUT TYPE="password" name="pwd"><br/>
<INPUT TYPE="submit" value="提交">
</form>
</body>
</html>
```

清单 7.7 login.php

```php
<?php
global $login;
if ($_POST['name']!="hjy" || $_POST['pwd']!="123")
{
  echo "登录失败";
  echo "请<a href=index.htm>返回</a>";
  exit;
}
$login = array('name'=>$_POST['name'], 'pwd'=>$_POST['pwd']);
session_start();
session_register($login);
echo "<a href=info.php>查看信息</a><br/>";
echo "<a href=logout.php>退出登录</a><br/>";
?>
```

清单 7.8 info.php

```php
<?php
session_start();
if (session_is_registered($login))
{
  global $login;
  echo "hello,".$login['name']."<br/>";
  echo "<a href=logout.php>退出登录</a><br/>";
}
else
{
  echo "非法操作<br/>";
  exit;
}
?>
```

清单 7.9 logout.php

```php
<?php
session_start();
session_unregister($login);
header("location:index.htm");
?>
```

7.2 PHP 发送电子邮件

PHP 允许您从脚本用 mail() 函数发送电子邮件。语法如下：
`mail(to,subject,message,headers,parameters)`
各个参数的作用如下：
to：必需，规定 email 接收者；
subject：必需，规定 email 的主题。注释：该参数不能包含任何新行字符；
message：必需，定义要发送的消息，应使用 LF(\n)来分隔各行；
headers：可选，规定附加的标题，如 From、Cc 以及 Bcc；

parameters：可选。对邮件发送程序规定额外的参数。

注意 PHP 需要一个已安装且正在运行的邮件系统，以便使邮件函数可用。所用的程序通过在 php.ini 文件中进行定义。邮件函数的行为受 php.ini（在\bin\php 目录下）的影响，Mail 配置选项如表 7-2 所示。

表 7-2　　　　　　　　　　　　　　Mail 配置选项

名　　称	默　　认	描　　述	可　更　改
SMTP	"localhost"	Windows 专用：SMTP 服务器的 DNS 名称或 IP 地址	PHP_INI_ALL
smtp_port	"25"	Windows 专用：SMTP 端口号。自 PHP 4.3 起可用	PHP_INI_ALL
sendmail_from	NULL	Windows 专用：规定从 PHP 发送的邮件中使用的"from"地址	PHP_INI_ALL
sendmail_path	NULL	Unix 系统专用：规定 sendmail 程序的路径（通常为/usr/sbin/sendmail 或/usr/lib/sendmail）	

通过 PHP 发送电子邮件的最简单的方式是发送一封文本 email。清单 7.10 中，首先声明变量($to, $subject, $message, $from, $headers)，然后我们在 mail()函数中使用这些变量来发送一封 E-mail。

清单 7.10
```php
<?php
$to = "someone@example.com";
$subject = "Test mail";
$message = "Hello! This is a simple email message.";
$from = "someonelse@example.com";
$headers = "From: $from";
mail($to,$subject,$message,$headers);
echo "Mail Sent.";
?>
```

7.3　PHP 过滤处理

几乎所有 Web 应用程序都依赖外部的输入，常见的外部数据包括来自表单的输入数据、Cookies、服务器变量和数据库查询结果。PHP 过滤器用于验证和过滤来自非安全来源的数据。根据过滤器功能的不同，可以分成净化过滤器（Sanitization）和验证过滤器(Validation)。它们的差别在于，净化过滤器会把被过滤的变量中不符合规则的东西清除掉，返回清除后的内容；而验证过滤器只是验证的功能，并不会去改变变量的值，如果符合过滤器的规则，则返回变量内容，否则返回 false。

7.3.1　函数和过滤器

如需过滤变量，请使用下面的过滤器函数之一：
（1）filter_var()：通过一个指定的过滤器来过滤单一的变量。
（2）filter_var_array()：通过相同的或不同的过滤器来过滤多个变量。

(3) filter_input()：获取一个输入变量，并对它进行过滤。

(4) filter_input_array()：获取多个输入变量，并通过相同的或不同的过滤器对它们进行过滤。

在清单 7.11 中，我们用 filter_var()函数验证是否是合法的整数。

清单 7.11

```
<?php
$int = 123;
if(!filter_var($int, FILTER_VALIDATE_INT))
 {
    echo("Integer is not valid");
 }
else
 {
    echo("Integer is valid");
 }
?>
```

上面的代码使用了"FILTER_VALIDATE_INT"过滤器来过滤变量。由于这个整数是合法的，因此代码的输出是："Integer is valid"。假如我们使用一个非整数的变量，则输出是"Integer is not valid"。

7.3.2 选项和标志

选项和标志用于向指定的过滤器添加额外的过滤选项。不同的过滤器有不同的选项和标志。在清单 7.12 中，我们用 filter_var()和"min_range"以及"max_range"选项验证了一个整数。

清单 7.12

```
<?php
$var=300;
$int_options = array(
"options"=>array
 (
     "min_range"=>0,
     "max_range"=>400
 )
);
if(!filter_var($var, FILTER_VALIDATE_INT, $int_options))
{
    echo("Integer is not valid");
}
else
 {
  echo("Integer is valid");
 }
?>
```

注意选项必须放入一个名为 "options" 的相关数组中。在清单 7.12 中，由于整数是 "300"，它在指定的范围内，所以代码的输出将是 "Integer is valid"。

7.3.3 简单验证输入和过滤的例子

清单 7.13 用来验证来自表单的输入。在这个例子中首先确认是否存在正在查找的输入数据,然后调用 filter_input()函数过滤输入的数据。

清单 7.13
```php
<?php
if(!filter_has_var(INPUT_GET, "email"))
 {
     echo("Input type does not exist");
 }
else
 {
 if (!filter_input(INPUT_GET, "email", FILTER_VALIDATE_EMAIL))
 {
     echo "E-Mail is not valid";
 }
 else
 {
     echo "E-Mail is valid";
 }
 }
?>
```

具体来说,该例子首先检测是否存在"GET"类型的"email"输入变量;如果存在输入变量,检测它是否是有效的邮件地址。

清单 7.14 用来净化从表单传来的 URL:首先,确认是否存在我们正在查找的输入数据,然后用 filter_input()函数来净化输入数据。

清单 7.14
```php
<?php
if(!filter_has_var(INPUT_POST, "url"))
 {
    echo("Input type does not exist");
 }
else
{
     $url = filter_input(INPUT_POST, "url", FILTER_SANITIZE_URL);
 }
?>
```

这个例子中首先检测是否有一个通过"POST"方法传送的输入变量"url",如果存在此输入变量,对其进行净化(删除非法字符),并将其存储在$url 变量中。例如,输入变量是"http://www.W3 非 o 法 ol.com.c 字符 n/",则净化后的$url 变量应该是"http://www.W3School.com.cn/"。

7.3.4 过滤多个输入例子

表单通常由多个输入字段组成。为了避免对 filter_var 或 filter_input 重复调用,可以使用 filter_var_array 或 filter_input_array 函数。清单 7.15 使用 filter_input_array()函数来过滤三个 GET 变量:一个名字、一个年龄以及一个邮件地址。

清单 7.15
```php
<?php
$filters = array
(
```

```
 "name" => array
  (
  "filter"=>FILTER_SANITIZE_STRING
  ),
 "age" => array
  (
  "filter"=>FILTER_VALIDATE_INT,
  "options"=>array
   (
    "min_range"=>1,
    "max_range"=>120
   )
  ),
 "email"=> FILTER_VALIDATE_EMAIL,
 );
$result = filter_input_array(INPUT_GET, $filters);
if (!$result["age"])
 {
 echo("Age must be a number between 1 and 120.<br />");
 }
elseif(!$result["email"])
 {
 echo("E-Mail is not valid.<br />");
 }
else
 {
 echo("User input is valid");
 }
?>
```

上面的例子有三个通过"GET"方法传送的输入变量（name, age, email）。其过滤过程如下。

1. 设置一个数组$filters，其中包含了输入变量的名称，以及用于指定的输入变量的过滤器。

2. 调用 filter_input_array 函数，参数包括 GET 输入变量及刚才设置的数组。其中 filter_input_array()函数的第二个参数可以是数组或单一过滤器的 ID。如果该参数是单一过滤器的 ID，那么这个指定的过滤器会过滤输入数组中所有的值。如果该参数是一个数组，那么此数组（这里是$filters）必须遵循下面的规则：（1）必须是一个关联数组，其中包含的输入变量是数组的键（如"age"输入变量）；（2）此数组的值必须是过滤器的 ID，或者是规定了过滤器、标志以及选项的数组。

3. 检测$result 变量中的"age"和"email"变量是否有非法的输入。

7.4　XML 处理

有两种基本的 XML 解析器，即基于事件和基于树的解析器。（1）基于事件的解析器：将 XML 文档视为一系列的事件，当某个具体的事件发生时，解析器会调用函数来处理。（2）基于树的解析器：这种解析器把 XML 文档转换为树型结构，它分析整篇文档，并提供了 API 来访问树的元素，如文档对象模型（Document Object Model，DOM）。

7.4.1 基于事件的解析器

基于事件的解析器的优势是性能好,因为它不是将整个 xml 文档载入内存后再处理,而是边解析边处理。但也正因为如此,它不适合那些要对 xml 结构做动态调整、或基于 xml 上下文结构做复杂操作的需求。如果你只是要解析处理一个结构良好的 xml 文档,那么它可以很好地完成任务。Expat 是一种基于事件的解析器,它把 XML 文档视为一系列事件。当某个事件发生时,它调用一个指定的函数处理它。请看清单 7.16 的 XML 片段:

清单 7.16
`<from>John</from>`

在这里,Expat 解析器把上面的 XML 报告为一连串的三个事件:(1)开始元素:from;(2)开始 CDATA 部分,值:John;(3)关闭元素:from。

Expat 解析器主要采用 xml_set_element_handler()函数来工作,该函数调用处理元素起始和元素终止的回调函数;配套的还有 xml_set_character_data_handler 用来设置数据值的回调函数。先参考清单 7.17 中 XML 文件的例子。

清单 7.17 note.xml 文件内容
```
<?xml version="1.0" encoding="ISO-8859-1"?>
<note>
<to> George </to>
<from> John </from>
<heading> Reminder </heading>
<body> Don't forget the meeting! </body>
</note>
```

清单 7.18 显示了如何在 PHP 中初始化 XML 解析器,为不同的 XML 事件定义处理器,以解析这个 XML 文件的过程。

清单 7.18
```
<?php
//Initialize the XML parser
$parser=xml_parser_create();
//Function to use at the start of an element
function start($parser,$element_name,$element_attrs)
{
switch($element_name)
{
case "note":
echo "-- note --<br />";
break;
case "to":
echo "to: ";
break;
case "from":
echo "from: ";
break;
case "heading":
echo "Heading: ";
break;
case "body":
echo "Message: ";
```

```
    }
  }
    //Function to use at the end of an element
    function stop($parser,$element_name)
     {
         echo "<br />";
     }
//Function to use when finding character data
function char($parser,$data)
 {
       echo $data;
 }
//Specify element handler
xml_set_element_handler($parser,"start","stop");
//Specify data handler
xml_set_character_data_handler($parser,"char");
//Open XML file
$fp=fopen("note.xml","r");
//Read data
while ($data=fread($fp,4096))
 {
     xml_parse($parser,$data,feof($fp)) or
        die (sprintf("XML Error: %s at line %d",
     xml_error_string(xml_get_error_code($parser)),
     xml_get_current_line_number($parser)));
 }
//Free the XML parser
xml_parser_free($parser);
?>
```

以上代码的输出如清单 7.19 所示：

清单 7.19

```
-- Note --
To: George
From: John
Heading: Reminder
Message: Don't forget the meeting!
```

清单 7.18 的工作原理解释如下：（1）通过 xml_parser_create()函数初始化 XML 解析器；（2）创建配合不同事件处理程序的函数 start(),stop()和 char()；（3）添加 xml_set_element_handler()函数定义，当解析器遇到开始和结束标签时执行哪个函数；（4）添加 xml_set_character_data_handler()函数定义，当解析器遇到字符数据时执行哪个函数；（5）通过 xml_parse()函数来解析文件"note.xml"，如果有错误，xml_error_string()函数把 XML 错误转换为文本说明；（6）调用 xml_parser_free()函数来释放分配给 xml_parser_create()函数的内存。

7.4.2 基于树的 XML 解析器

　　DOM 解析器是基于树的解析器，DOM 提供了针对 HTML 和 XML 文档的标准对象集，以及用于访问和操作这些文档的标准接口。DOM 解析器函数是 PHP 核心的组成部分，无需安装就可以使用这些函数，但目前只支持 utf-8 编码。请参考清单 7.20 的 XML 文档。

清单 7.20

```
<?xml version="1.0" encoding="ISO-8859-1"?>
```

```
<from>John</from>
```

DOM 把该 XML 视为一个树，分成三个层次：（1）Level 1: XML 文档；（2）Level 2:根元素：<from>；（3）Level 3: 文本元素: "John"。下面我们仍旧以清单 7.17 中的 note.xml 为例子，介绍如何用 DOM 解析它。我们需要初始化 XML 解析器，加载 XML，并把它输出：

清单 7.21
```
<?php
$xmlDoc = new DOMDocument();
$xmlDoc->load("note.xml");
print $xmlDoc->saveXML();
?>
```

清单 7.21 用 saveXML()函数把内部 XML 文档放入一个字符串，这样我们就可以输出：
```
George John Reminder Don't forget the meeting!
```
清单 7.22 将展示如何循环显示<note> 元素的所有子元素。

清单 7.22
```
<?php
$xmlDoc = new DOMDocument();
$xmlDoc->load("note.xml");
$x = $xmlDoc->documentElement;
foreach ($x->childNodes AS $item)
{
    print $item->nodeName . " = " . $item->nodeValue . "<br />";
}
?>
```

以上代码的输出：
```
#text =
to = George
#text =
from = John
#text =
heading = Reminder
#text =
body = Don't forget the meeting!
#text =
```

在上面的例子中，我们可以看到每个元素之间存在空的文本节点。当 XML 生成时，它通常会在节点之间包含空白。

思考和练习题

1. 分析 PHP 中 Expat 的运行机制。
2. 分析 PHP 中 DOM 的运行机制。
3. 理解 PHP 中过滤器的用法。

第 8 章 数据库访问

学习要点
（1）关系数据库理论
（2）MySQL 使用方法
（3）通过 PHP 访问 MySQL

Web 站点中经常要永久存储数据，如客户信息、订单信息等。为此，Web 开发中要掌握数据库的访问方法。本章先介绍关系数据库的理论，然后以开源的 MySQL 为例，介绍利用 PHP 进行数据存储和查询的方法。

8.1 关系数据库理论

数据库是一个组织有序的数据集合，它允许更加方便地检索、添加、修改以及删除数据。数据库在历史上经历了层次数据库、网状数据库和关系数据库。其中使用最广泛的是关系数据库系统。关系数据库理论由 IBM 研究员 E.F.Codd 在 1970 年提出。

一个关系数据库包含大量的关系，一个关系是满足一定条件的二维表。表中的一行称为关系的一个元组，用来存储事物的一个实例；表中的一列称为关系的一个属性，用来描述实体的某一特征。因此，表是一组相关实体的集合。表和实体集这两个词常常可以交替使用。每一列（属性）的所有数据都是同一种数据类型的，每一列都有唯一的列名，列在表中的顺序无关紧要；表中的任意两行（元组）不能相同，行在表中的顺序也无关紧要。一个关系的数据模式用如下语法来表达：

关系名（列名1 数据类型, 列名2 数据类型, …）

下面是三张表的数据模式，分别代表学生、课程和选课。

学生（学号 integer, 姓名 char(10), 年龄 integer）
课程（课程号 integer, 课程名 integer）
选课（课程号 integer, 学号 integer, 分数 double）

下面是三张表的具体实例。

RDBMS 按照表的名称和列名引用表和表中的数据。通常情况下，表名和列名最好能够反映表或列的内容，便于用户记忆。归纳出关系（表）的特点：

（1）表（关系）的每一行（元组）定义实体集的一个实体，每一列定义实体的一个属性（见表 8-1、表 8-2 和表 8-3）。

表 8-1　　　　　　　　　　　学生

学　号	姓　名	年　龄
B10040701	张三	20
B10040801	李四	19
B10040702	王五	18

表 8-2　　　　　　　　　　　课程

课　程　号	课　程　名
C112	计算机文化基础
C113	数据结构实用教程
C114	C++实用教程

表 8-3　　　　　　　　　　　选课

课　程　号	学　号	分　数
C112	B10040801	69
C112	B10040702	85
C113	B10040701	80
C113	B10040801	84
C114	B10040801	98

（2）行的每一列的值是唯一的。

（3）每一行必须有一个关键字，关键字是一个属性组（可以是一个属性或多个属性的组合），它能唯一地标识一个行。例如图书信息表的关键字是编号。

（4）每一列表示一个属性，且列名不能重复。

（5）列的每个值必须与对应属性的类型相同。

（6）列有取值范围，称为域。例如，定价的取值为大于零的实数。

（7）列是不可分割的最小数据项。

（8）行、列的顺序对用户无关紧要。

8.2　SQL 简介

结构化查询语言（Structured Query Language，SQL）是访问和修改关系数据库的标准语言。SQL 最初在 1986 年进行了标准化，1992 年进一步进行了标准化，这个版本常称作 SQL-2。SQL 的发音是 S-Q-L 或者是 sequel。所有主要数据库供应商开发的数据库管理系统都支持 SQL：不论是哪个供应商的数据库，都可以使用 SQL 来创建、查询以及修改关系数据库。

SQL 与大多数程序设计语言有很大的不同；它实际上更像英语的结构形式，更易被任何供应商的数据库理解和使用。SQL 保留字不区分大小写。这意味着 SELECT、select、Select 是等价的。然而，表名和表的列名是否区分大小写，则取决于特定的数据库。由于会忽略保留字和子句之间的空白，因此为提高可读性，可以将命令展开到多行输入。单引号（'）用来界定字符串。

8.2.1 CREATE TABLE 命令

CREATE TABLE 命令可以新建数据库中的表。其一般形式如下所示：
```
CREATE TABLE table_name(
column_name_1 data_type constraints,
column_name_2 data_type constraints,
...
column_name_n data_type constraints);
```
表的数据可以为很多不同的数据类型，包括 integer、real 以及 char（长度）。也有一些不同的约束。约束能够对表的一列中出现的值进行限制。常用的约束是 NOT NULL，这意味着有此约束的列在表中的每一行的值不能为空。另一个常用的约束是 PRIMARY KEY，这意味着有此约束的列在表中的每一行具有唯一的值。例如：
```
CREATE TABLE States(
        State_id INTEGER PRIMARY KEY NOT NULL,
        State CHAR(20));
```

8.2.2 INSERT 命令

INSERT 命令用来向表中添加数据行。其一般形式如下所示：
```
INSERT INTO table_name(column_name_1, column_name_2,...,
column_name_n)
        VALUES (value_1, value_2,..., value_n);
```
列名与值在位置上一一对应，第一个数值加到第一列中，依此类推。如果 INSERT 用于其某一列上含有约束条件 NOT NULL 的表上，并且该列在 INSERT 命令中没有指定，则会检测到并报告一个错误。INSERT 命令的示例如下所示：
```
INSERT INTO 学生(学号,姓名,年龄)
VALUES ('B100409', '王茜', 17);
```

8.2.3 SELECT 命令

SELECT 命令用来查询特定的信息。SELECT 命令有三个子句：SELECT、FROM 和 WHERE。一般形式如下所示：
```
SELECT column_names FROM table_names [WHERE condition];
```
这里的中括号说明 WHERE 子句是可选的。SELECT 子句指定表的列或者特性，FROM 子句指定查找的一个或多个表。例如，下列查询可以产生来自学生表中姓名列的所有值的列表。
```
SELECT 姓名 FROM 学生;
```
WHERE 子句用来对指定表中受影响的行设置约束。下列查询将生成来自学生表中的姓名列的所有值的列表，并且要求其年龄列中的值要大于 20：
```
SELECT 姓名 FROM 学生 WHERE 年龄> 20;
```
星号（*）作为 SELECT 子句的值说明选择指定表中符合在 WHERE 子句中指定的条件的所有列，例如：
```
SELECT * FROM 学生 WHERE 年龄> 20;
```
会返回所有的列对应的值。

8.2.4 UPDATE 命令

UPDATE 命令用来改变表行中的一个或多个值。其一般形式如下所示：
```
UPDATE table_name
SET column_name_1 = value_1,
column_name_2 = value_2,
...
column_name_n = value_n
WHERE primary_key = value;
```
UPDATE 命令中的 WHERE 子句指定要更新的行的主键。表列的任何子集都可以出现在 SET 子句中。例如，为了改正错误，使用以下命令将课程表中的第一行的课程名改为"计算机文化"：
```
UPDATE 课程
SET 课程名='计算机文化'
WHERE 课程号='C112';
```

8.2.5 DELETE 命令

可以使用 DELETE 命令来删除表中的一行或多行。其一般形式如下所示：
```
DELETE FROM table_name
WHERE primary_key = value;
```
WHERE 子句指定要删除的行的主键。例如，如果要从选课表中删除学号是'B10040701'而课程号是'C111'的记录，那么可以发出如下的 SQL 语句：
```
DELETE FROM 选课
WHERE 学号 = 'B10040701' and 课程号 = "C111";
```
DELETE 命令的 WHERE 子句可以指定表中的多行，在这种情况下，将删除所有符合 WHERE 子句条件的行。

8.2.6 DROP 命令

可以使用 DROP 命令删除整个数据库或者表。其一般形式如下所示：
```
DROP (TABLE | DATABASE) [IF EXISTS] name;
```
其中，圆括号和中括号是元符号。DROP 命令与 TABLE 或 DATABASE 一起使用。包含 IF EXISTS 子句可以避免在指定表或数据库不存在的情况下出现错误。例如：
```
DROP TABLE IF EXISTS 选课;
```

8.2.7 连接

假设希望从数据库生成一张包含姓名、课程名和分数的表，那需要来自三个表的信息：学生、课程和选课。通过交叉引用选课这张表可将这两个表学生和课程相连。连接由 SELECT 命令指定，该命令的 FROM 子句中有三个表，并且使用了一个复合的 WHERE 子句。在本例中，WHERE 子句必须有两个条件。首先，学生表的学号列须匹配选课表的学号列。其次，课程表的课程号列必须匹配选课表的课程号列。完整的 SELECT 命令如下所示：
```
select 姓名, 课程名
  from 学生, 课程, 选课
```

where 选课.学号＝学生.学号 and 选课.课程号＝课程.课程号

8.3 数据库访问的体系结构

用户可以通过多种方式使用数据库。下面简单介绍一下它们中最常用的体系结构。

8.3.1 三层的客户——服务器体系结构

Web 程序通常包含三层体系结构。第一层中有 Web 浏览器，它提供了用户交互的接口。中间层中通常有 Web 服务器以及需要访问数据库的应用程序。第三层中有数据库服务器和数据本身。基于 Web 的数据库访问系统的三层体系结构的形式如图 8-1 所示。

图 8-1 由数据库支持的 Web 站点的三层体系结构

8.3.2 Microsoft Access 体系结构

Microsoft Access 是一种几乎可以访问所有的常见数据库的工具。它通过两种方式来访问不同的数据库系统：通过它的 Jet 数据库引擎或者通过开放式数据库连接（Open Database Connectivity，ODBC）标准。ODBC 为充当不同数据库接口的一组对象和方法指定了应用程序编程接口（Application Programming Interface，API）。每个数据库必须有一个驱动程序，它实现了这些对象和方法。最常用数据库的供应商们提供 ODBC 驱动程序。通过使用 ODBC，应用程序可以包含 SQL 语句（通过 ODBC API），该 SQL 语句适用于任何已经安装了驱动程序的数据库。ODBC 驱动程序管理器（ODBC driver manager）系统运行在客户的计算机上，为特定数据库上的请求选择正确的驱动程序。

8.3.3 PHP 和数据库访问

PHP 可以支持大量不同的数据库系统。对于每一个支持的数据库系统，都具有对应的 API。这些 API 提供了针对特定系统的接口。例如，MySQL API 包含连接数据库的函数以及对数据库应用 SQL 命令的函数。通过 PHP 进行 Web 数据库访问是一种自然的体系结构。

8.3.4 Java JDBC 体系结构

JDBC 体系结构是支持数据库访问的 Java API。JDBC 与 ODBC 非常类似，至少在用途上是如此。JDBC 为使用数据库的应用程序和实际操纵数据库的底层访问软件之间提供了一套标准的接口。它由数据库供应商提供并且因使用的数据库而异。只要 JDBC 驱动程序安装在应用程序运行的平台上，JDBC 就可以使应用程序独立于使用的数据库系统。JDBC 的优点和 Java 的基本相同：语言富于表现力并且比较安全，以及程序在平台之间非常容易移植。

8.4 MySQL 数据库系统

MySQL 是免费、高效以及广泛使用的数据库系统,而且它执行 SQL 命令。MySQL 软件和文档可以从 http://www.mysql.org 下载。本节只介绍如何使用 MySQL。

8.4.1 启动 MySQL 服务器

使用 MySQL 的第一步是登录到 MySQL 系统中。这通过下面的命令来完成(在操作系统的命令行中):

```
mysql [-h host] [-u username] [database_name] [-p]
```

命令的中括号中的部分是可选的。host 是运行 MySQL 的服务器的名称,如果没有指定,MySQL 则假设它是用户的机器。如果没有指定 username,则假设用来登录计算机的名字是正确的用户名。如果已给出 database_name,则它被选作 MySQL 访问的数据库,也是后续命令操作的对象。如果包含-p,则说明需要密码,MySQL 将要求提供密码。

一旦成功登录到 MySQL,就可以接收命令。尽管称为"登录",实际上完成的操作是开始执行 MySQL 系统。

8.4.2 退出 MySQL

在 mysql>提示符下输入 quit 可以随时退出交互操作界面:

```
mysql> quit
```

你也可以用 control-D 退出。

8.4.3 服务器上存在什么数据库

```
mysql> SHOW DATABASES;
+----------+
| Database |
+----------+
| mysql    |
| test     |
+----------+
3 rows in set (0.00 sec)
```

8.4.4 创建一个数据库

```
mysql> CREATE DATABASE abccs;
```

需要注意不同操作系统对大小写是否敏感。

8.4.5 选择所创建的数据库

```
mysql> USE abccs
Database changed
```

此时你已经进入你刚才所建立的数据库 abccs。

8.4.6 创建一个数据库表

首先看现在你的数据库中存在什么表:
```
mysql> SHOW TABLES;
Empty set (0.00 sec)
```
说明刚才建立的数据库中还没有数据库表。下面来创建一个数据库表 mytable:

我们要建立一个公司员工的生日表,表的内容包含员工姓名、性别、出生日期、出生城市。
```
mysql> CREATE TABLE mytable (name VARCHAR(20), sex CHAR(1),
-> birth DATE, birthaddr VARCHAR(20));
Query OK, 0 rows affected (0.00 sec)
```
注意 SQL 语句以分号表示结束,由于 name、birthaddr 的列值是变化的,因此选择 VARCHAR,其长度不一定是 20,可以选择从 1 到 20 的任何长度,如果以后需要改变它的字长,可以使用 ALTER TABLE 语句;性别只需一个字符就可以表示:"m"或"f",因此选用 CHAR(1);birth 列则使用 DATE 数据类型。

创建了一个表后,我们可以查看结果,用 SHOW TABLES 显示数据库中有哪些表:
```
mysql> SHOW TABLES;
+---------------------+
| Tables in menagerie |
+---------------------+
| mytables            |
+---------------------+
```

8.4.7 显示表的结构

```
mysql> DESCRIBE mytable;
+-----------+-------------+------+-----+---------+-------+
| Field     | Type        | Null | Key | Default | Extra |
+-----------+-------------+------+-----+---------+-------+
| name      | varchar(20) | YES  |     | NULL    |       |
| sex       | char(1)     | YES  |     | NULL    |       |
| birth     | date        | YES  |     | NULL    |       |
| deathaddr | varchar(20) | YES  |     | NULL    |       |
+-----------+-------------+------+-----+---------+-------+
```

8.4.8 查询所有数据

```
mysql> select * from mytable;
+----------+-----+------------+-----------+
| name     | sex | birth      | birthaddr |
+----------+-----+------------+-----------+
| abccs    | f   | 1977-07-07 | china     |
| mary     | f   | 1978-12-12 | usa       |
| tom      | m   | 1970-09-02 | usa       |
+----------+-----+------------+-----------+
3 row in set (0.00 sec)
```

8.4.9 修正错误记录

假如 tom 的出生日期有错误,应该是 1973 – 09 – 02,则可以用 update 语句来修正:
```
mysql> update mytable set birth = "1973-09-02" where name = "tom";
```
再用 8.4.8 中的语句查看数据是否已经更正。

8.4.10 选择特定行

上面修改了 tom 的出生日期，我们可以选择 tom 这一行来看看是否已经有了变化：

```
mysql> select * from mytable where name = "tom";
+--------+-----+------------+-----------+
| name   | sex | birth      | birthaddr |
+--------+-----+------------+-----------+
| tom    | m   | 1973-09-02 | usa       |
+--------+-----+------------+-----------+
1 row in set (0.06 sec)
```

上面 WHERE 的参数指定了检索条件。我们还可以用组合条件来进行查询：

```
mysql> SELECT * FROM mytable WHERE sex = "f" AND birthaddr = "china";
+--------+-----+------------+-----------+
| name   | sex | birth      | birthaddr |
+--------+-----+------------+-----------+
| abccs  | f   | 1977-07-07 | china     |
+--------+-----+------------+-----------+
1 row in set (0.06 sec)
```

8.4.11 多表操作

前面我们熟悉了数据库和数据库表的基本操作，现在我们再来看看如何操作多个表。在一个数据库中，可能存在多个表，这些表都是相互关联的。我们继续使用前面的例子。前面建立的表中包含了员工的一些基本信息，如姓名、性别、出生日期、出生地。我们再创建一个表，该表用于描述员工所发表的文章，内容包括作者姓名、文章标题、发表日期。

1. 查看第一个表 mytable 的内容：

```
mysql> select * from mytable;
+--------+-----+------------+-----------+
| name   | sex | birth      | birthaddr |
+--------+-----+------------+-----------+
| abccs  | f   | 1977-07-07 | china     |
| mary   | f   | 1978-12-12 | usa       |
| tom    | m   | 1970-09-02 | usa       |
+--------+-----+------------+-----------+
```

2. 创建第二个表 title（包括作者、文章标题、发表日期）：

```
mysql> create table title(writer varchar(20) not null,
   -> title varchar(40) not null,
   -> senddate date);
```

向该表中填加记录，最后表的内容如下：

```
mysql> select * from title;
+--------+-------+------------+
| writer | title | senddate   |
+--------+-------+------------+
| abccs  | a1    | 2000-01-23 |
| mary   | b1    | 1998-03-21 |
| abccs  | a2    | 2000-12-04 |
| tom    | c1    | 1992-05-16 |
| tom    | c2    | 1999-12-12 |
+--------+-------+------------+
5 rows in set (0.00sec)
```

3. 多表查询

现在我们有了两个表: mytable 和 title。利用这两个表我们可以进行组合查询：
例如我们要查询作者 abccs 的姓名、性别、文章：
```
mysql> SELECT name,sex,title FROM mytable,title
    -> WHERE name=writer AND name='abccs';
+-------+-----+-------+
| name  | sex | title |
+-------+-----+-------+
| abccs | f   | a1    |
| abccs | f   | a2    |
+-------+-----+-------+
```
上面例子中，由于作者姓名、性别、文章记录在两个表内，因此必须使用组合来进行查询。也就是说必须要指定一个表中的记录如何与其他表中的记录进行匹配。

> 如果第二个表 title 中的 writer 列也取名为 name（与 mytable 表中的 name 列相同）而不是 writer 时，就必须用 mytable.name 和 title.name 表示，以示区别。再举一个例子，用于查询文章 a2 的作者、出生地和出生日期：
> ```
> mysql> select title,writer,birthaddr,birth from mytable,title
>     -> where mytable.name=title.writer and title='a2';
> +-------+--------+-----------+------------+
> | title | writer | birthaddr | birth      |
> +-------+--------+-----------+------------+
> | a2    | abccs  | china     | 1977-07-07 |
> +-------+--------+-----------+------------+
> ```

8.4.12 增加一列

如在前面例子中的 mytable 表中增加一列表示是否单身 single:
```
mysql> alter table mytable add column single char(1);
```

8.4.13 修改记录

将 abccs 的 single 记录修改为"y":
```
mysql> update mytable set single='y' where name='abccs';
```
现在来看看发生了什么：
```
mysql> select * from mytable;
+-------+-----+------------+-----------+--------+
| name  | sex | birth      | birthaddr | single |
+-------+-----+------------+-----------+--------+
| abccs | f   | 1977-07-07 | china     | y      |
| mary  | f   | 1978-12-12 | usa       | NULL   |
| tom   | m   | 1970-09-02 | usa       | NULL   |
+-------+-----+------------+-----------+--------+
```

8.4.14 增加记录

前面已经讲过如何增加一条记录，为便于查看，重复于此：
```
mysql> insert into mytable
    -> values ('abc','f','1966-08-17','china','n');
Query OK, 1 row affected (0.05 sec)
```

查看一下：

```
mysql> select * from mytable;
+----------+------+------------+-----------+--------+
| name     | sex  | birth      | birthaddr | single |
+----------+------+------------+-----------+--------+
| abccs    | f    | 1977-07-07 | china     | y      |
| mary     | f    | 1978-12-12 | usa       | NULL   |
| tom      | m    | 1970-09-02 | usa       | NULL   |
| abc      | f    | 1966-08-17 | china     | n      |
+----------+------+------------+-----------+--------+
```

8.4.15 删除记录

用如下命令删除表中的一条记录：

```
mysql> delete from mytable where name='abc';
```

DELETE 从表中删除满足由 where 给出的条件的一条记录。

再显示一下结果：

```
mysql> select * from mytable;
+----------+------+------------+-----------+--------+
| name     | sex  | birth      | birthaddr | single |
+----------+------+------------+-----------+--------+
| abccs    | f    | 1977-07-07 | china     | y      |
| mary     | f    | 1978-12-12 | usa       | NULL   |
| tom      | m    | 1970-09-02 | usa       | NULL   |
+----------+------+------------+-----------+--------+
```

8.4.16 删除表

```
mysql> drop table tb1, tb2;
```

可以删除一个或多个表，这里删除了 tb1 和 tb2 两张表。

8.4.17 数据库的删除

```
mysql> drop database 数据库名;
```

这个命令要小心使用，防止误删数据库。

8.4.18 用批处理方式使用 MySQL

前面以交互方式操纵数据库，也可以用批处理的方式操纵数据库。首先建立一个批处理文件 mytest.sql，内容如下：

```
use abccs;
select * from mytable;
select name,sex from mytable where name='abccs';
```

在 DOS 下运行如下命令：

```
d:mysqlbin mysql < mytest.sql
```

在屏幕上会显示执行结果。

如果想查看一条结果，而输出结果有很多条，则可以用这样的命令：

```
mysql < mytest.sql | more
```

我们还可以将结果输出到一个文件中：

```
mysql < mytest.sql > mytest.out
```

8.5 PHP 访问 MySQL 数据库

PHP 经常用两个文档实现访问数据库：一个 HTML 文档收集用户访问数据库的请求，另一个文档包含 PHP 代码来处理请求并生成返回的 HTML 文档。由于收集用户请求的文档是一个简单的 HTML 文档，因此本节重点阐述数据库的连接和处理。

8.5.1 连接 MySQL 并选择数据库

PHP 函数 mysql_connect 将脚本连接到 MYSQL。该函数接受三个参数，它们都是可选的。第一个参数是运行 MYSQL 的主机；默认设置是本地主机（运行脚本的主机）。第二个参数是 MYSQL 用户名；默认设置是运行 PHP 进程的用户名。第三个参数是数据库密码；默认设置是空字符串（如果数据库不需要密码）。例如，如果默认的参数是可接受的，则可以使用下面的函数：

```
$db=mysql_connect();
```

当然，连接操作可能失败，在这种情况下返回的值为 false（而不是数据库的引用）。因此，mysql_connect 通常与 die 一起使用。

mysql_close 函数终止数据库连接。通过 PHP 脚本使用 MySQL 时，不需要使用这个函数。因为脚本终止时，连接将隐式地关闭。

在命令行输入命令运行 MySQL 时，必须选择当前关注的数据库，它由 mysql_select_db 函数完成。如下所示：

```
mysql_select_db("cars");
```

8.5.2 对 MySQL 中表数据的操作

mysql_query 函数可以调用 MySQL 函数。通常，操作以字符串文本的形式赋给一个变量，然后调用 mysql_query 函数并将变量作为函数的参数。例如：

```
$query="SELECT * FROM Corvettes";
$result=mysql_query($query);
```

mysql_query 函数的返回值用来在内部识别操作所产生的数据。在大多数情况下，对于处理结果我们首要关注的是行数。这可由 mysql_num_rows 函数获取，该函数给出 mysql_query 返回的结果值，如下所示：

```
$num_rows=mysql_num_rows($result);
```

在结果中字段的数目能够由 mysql_num_fields 获取，如下所示：

```
$num_fields=mysql_num_fields($result);
```

有多种不同形式来获取结果的行。我们使用 mysql_fetch_array 函数，此函数返回下一行数组，字段值可以将列名作为返回数组的下标获得。例如，如果查询结果包含 State_id 列和 State 列，生成显示结果的代码如下所示：

```
$num_rows=mysql_num_rows($result);
for ($row_num = 0; $row_num < $num_rows; $row_num++) {
$row=mysql_fetch_array($result);
print"<p>Result row number" . $row_num .
    ". State_id:";
```

```
print ($row["State_id"]);
print "State:";
print ($row["State"]);
print "<'p>";
}
```

8.5.3　PHP/MYSQL 示例

本节给出一个 Web 访问数据库的简单示例。在示例中首先使用 HTML 表单收集来自用户的查询，然后对数据库应用查询并且返回显示查询结果的文档。

查询结果的行是 PHP 数组。这个数组有 2 组元素，一组具有数字键，另一组具有字符串键。例如，假设查询得到课程表中具有字段值（C112，计算机文化基础）的行，实际上该行存储了 4 个散列元素，两个元素带有数字键，另外两个元素带有字符串键。结果行实际上具有以下内容：

((0,C112), (课程号,C112),(1,计算机文化基础),(课程名,计算机文化基础))

如果行由数字索引，那么将返回元素值。例如，如果查询结果的行在$row 中，那么$row[0]是行中第一个字段的值，$row[1]是第二个字段的值，依次类推。行可以由字符串索引，在这种情况下，$row["课程号"]的值为 C112。由于这种存储方式，如果要从$row 变量中取出所有的字段值，可以先用 array_values 取出所有的字段值，然后每隔一个元素取一个。下面的语句将显示$row 中结果行的所有字段值：

```
$values=array_values($row);
for($index=0;$index<$num_fields;$index++)
    print "$values[2*$index+1]<br/>";
```

当结果作为 HTML 的内容返回时，比较好的方法是在字段值上使用 htmlspecialchars。

从 MYSQL 查询结果中取得列标签要麻烦些。前面的示例显示了结果数组的实际内容，从这个示例中，可以看出列标签是数组奇元素的键（State_id 和 State）。键可以以同样的方式显示前面所显示的值。

```
$keys=array_keys($rows);
for($index=0;$index<$num_fields;$index++)
    print "$keys[2*$index+1]<br/>";
```

下面是 HTML 文档 collect.html（见清单 8.1），它用来收集用户对数据库的查询。

清单 8.1
```
<html>
<head>
<title> Access to the cars database </title>
<meta charset = "utf-8" />
</head>
<body>
<p>
    Please enter your query:
<br />
<form action = "answer.php" method = "post">
    <textarea rows = "2" cols = "80" name = "query" >
    </textarea>
    <br /><br />
    <input type = "reset" value = "Reset" />
    <input type = "submit" value = "Submit request" />
```

```
</form>
</p>
</body>
</html>
```

下面是 PHP 文档 answer.php（见清单 8.2），它处理查询并将结果返回到一个 HTML 表格中。

清单 8.2

```
<html>
<head>
<title> Access the cars database with MySQL </title>
<meta charset = "utf-8" />
</head>
<body>
<?php
// Connect to MySQL
    $db = mysql_connect("localhost", "root", "", "cars");
if (mysql_connect_errno()) {
print "Connect failed: " . mysql_connect_error();
exit();
}
// Get the query and clean it up (delete leading and trailing
// whitespace and remove backslashes from magic_quotes_gpc)
$query = $_POST['query'];
trim($query);
$query = stripslashes($query);
// Display the query, after fixing html characters
$query_html = htmlspecialchars($query);
print "<p> The query is: " . $query_html . "</p>";
// Execute the query
$result = mysql_query($db, $query);
if (!$result) {
print "Error - the query could not be executed" .
mysqli_error();
exit;
}
// Display the results in a table
print "<table><caption> <h2> Query Results </h2> </caption>";
print "<tr align = 'center'>";
// Get the number of rows in the result
$num_rows = mysql_num_rows($result);
// If there are rows in the result, put them in an HTML table
if ($num_rows > 0) {
$row = mysql_fetch_array($result);
$num_fields = mysql_num_fields($result);
// Produce the column labels
$keys = array_keys($row);
for ($index = 0; $index < $num_fields; $index++)
print "<th>" . $keys[2*$index+1] . "</th>";
print "</tr>";
// Output the values of the fields in the rows
for ($row_num = 0; $row_num < $num_rows; $row_num++)
{
    print "<tr>";
    $values = array_values($row);
```

```
        for ($index = 0; $index < $num_fields; $index++)
        {
            $value = htmlspecialchars($values[2*$index+1]);
            print "<td>" . $value . "</td>";
        }
        print "</tr>";
        $row = mysqli_fetch_assoc($result);
    }
  }
}
print "</table>";
?>
</body>
</html>
```

collect.html 和 answer.php 文档一起收集来自用户的查询，并将查询应用到数据库，然后返回结果。

思考和练习题

1. 关系数据库中表的主键的用途是什么？
2. PHP 函数 mysql_select_db 的功能是什么？
3. 使用 MySQL 创建存储待售的二手车信息的数据库，从本地报纸的广告版中获取原始数据。将您所处的城市划分为 4 个区，然后每个区对应一张表。
4. 修改并测试程序 answer.php 来处理 UPDATE、INSERT 命令。

第 9 章 客户端编程实践

学习要点
（1）LAMP 的安装和配置
（2）WAMP 的安装和配置
（3）编程实践示例

为了使 Web 页面能够在浏览器上显示，要安装 Web 服务器以存放这些在浏览器端显示的页面。本章介绍 Linux 环境下的 LAMP 安装和配置，Windows 环境下的 WAMP 安装和具体配置，最后演示两个客户端程序实例。

9.1 Linux 环境下的 LAMP 安装和配置

所谓 LAMP 指 Linux，Apache，PHP 和 MySQL，它们是开源软件，本身都是各自独立的程序，共同组成一个强大的 Web 应用程序平台。目前一半以上的网站访问流量是 LAMP 提供的，LAMP 是最强大的网站解决方案。本节介绍如何在 Ubuntu（开源 linux）平台上配置 LAMP。

9.1.1 LAMP 的安装过程

LAMP 包括 Apache，PHP 和 MySQL 三个核心模块及其他必需辅助模块，在 Ubuntu 终端采用如下步骤进行安装。

第一步 安装 Web 服务器 Apache（版本号是 2）：
`sudo apt-get install apache2`
第二步 安装 PHP 模块：
`sudo apt-get install php5`
第三步 安装 MySQL：
`sudo apt-get install mysql-server`
第四步 安装其他必需辅助模块：
`sudo apt-get install libapache2-mod-php5`
`sudo apt-get install libapache2-mod-auth-mysql`
`sudo apt-get install php5-mysql`
`sudo apt-get install php5-gd`

其中，模块 libapache2-mod-php5 和 libapache2-mod-auth-mysql 使 Apache 服务器能够解析 PHP 和处理 MySQL 命令；模块 php5-mysql 支持在 PHP 中对 MySQL 数据库进行操作；模块

php5-gd 实现对 GD 库的支持。

9.1.2 LAMP 配置要点

表 9-1 列出了 LAMP 相关配置文件的常见位置。

表 9-1   LAMP 相关配置文件

选 项	路 径
Apache 的配置文件路径	/etc/apache2/apache2.conf
Apache 网站字符编码配置路径	/etc/apache2/conf.d/charset
PHP 配置文件	/etc/php5/apache2/php.ini
MySQL 配置文件	/etc/mysql/my.cnf
phpmyadmin 配置文件	/etc/phpmyadmin/apache.conf
默认网站根目录	/var/www

在配置的过程中，经常要重启 Apache 和 MySQL，命令分别如下：

```
sudo /etc/init.d/apache2 restart
sudo /etc/init.d/mysql restart
```

下面是用 gedit 编辑器更改常见配置的具体方法。

（1）更改 Apache 默认字符集，在终端中使用命令：

```
sudo gedit /etc/apache2/conf.d/charset
```

将其中的

```
# AddDefaultCharset
```

的#号去掉，后面字段改成 UTF-8（如果 UTF-8 是你的网站选项）。如下所示：

```
AddDefaultCharset    UTF-8
```

（2）更改首页文件访问顺序，前面的访问优先，在终端中使用命令：

```
sudo gedit /etc/apache2/apache2.conf
```

或

```
sudo gedit /usr/local/apache2/conf/hpptd.conf
```

将其中的 DirectoryIndex 改成如下代码

```
<IfModule dir_module>
    DirectoryIndex index.htm index.html index.php
</IfModule>
```

（3）更改服务器地址（如改为本机），将 apache2.conf 或者 hpptd.conf 中的对应行改成

```
ServerName 127.0.0.1
```

（4）修改 Apache 的根目录 DocumentRoot，在终端中用命令：

```
sudo gedit /etc/apache2/sites-enabled/000-default
```

将其中的

```
DocumentRoot /var/www
```

改成期望的目录。

安装完 Apache 后，默认的 Web 文档发布目录在/var/www 下，可以在该目录下新建文件 test.html，在浏览器中输入 http://localhost/test.html，看能否正常显示 HTML 页面内容。

9.2 Windows 环境下的 WAMP 安装和配置

WAMP 是 Windows、Apache、MySQL 和 PHP 的集成安装环境，其中 Apache 是 Web 服务器，内嵌 PHP 的解析器，MySQL 是数据库服务器，负责向 Web 服务器提供数据存储和查询服务。整个系统是开源软件，是目前 Windows 上最便捷的 Web 应用程序平台。一般来说，大家习惯于将 Apache、MySQL、PHP 架设在 Linux 系统下，但是，WAMP 也有其优点：易用、界面友好、操作起来方便。以 WAMP 集成环境的经典软件 WampServer（http://www.wampserver.com/en/）为例子进行介绍，本书其后的例子都是以 WAMP 为平台。

9.2.1 WAMP 安装和配置

1. 从网站下载相应软件，按照提示安装。如果安装成功，Windows 桌面能看到 WampServer 的粉红色图标，如图 9-1 所示。

双击该快捷方式，在屏幕右下角托盘呈现一个绿色 WampServer 的图标（见图 9-2）。

图 9-1 WampServer 桌面快捷方式　　　图 9-2 WampServer 在线图标

在粉红色图标上单击鼠标右键查看"属性"，查看整个 WAMP 安装在哪个目录下。该目录一般有以下文件夹，如表 9-2 所示。

表 9-2　　　　　　　　　　　　WampServer 目录列表

www	存放发布文件的目录
bin	核心模块的二进制程序目录，如 Apache,mysql,php 等
apps	常见应用程序目录，例如 phpmyadmin
scripts	存放系统的 PHP 脚本
logs	存放 Apache,MySQL,PHP 的日志

2. 可选。WampServer 安装完成之后，WWW 目录是存放待发布文件的地方，为了管理方便，可以设置自己的 Web 主目录。假设自己的 Web 主目录路径为 D:\Web\，设置方法如下。

首先进入 WampServer 的根目录，找到 scripts 文件夹，在其下找到 config.inc.php 文件。使用 EditPlus 或者记事本打开它，寻找如下一行：

$wwwDir = $c_installDir.'/www';

这里$c_installDir 是个变量，指 WampServer 的根目录，修改为：$wwwDir = 'D:/site'。但这时新问题来了，Apache 默认根目录还没改过来，继续看第 3 步。

3. 可选。修改 Apache 默认根目录。打开 wamp\bin\apache\apacheX\conf\httpd.conf（这里 apacheX 中的 X 代表具体版本号），查找 DocumentRoot 的对应行，修改该行后半部分双引号中的部分，如原来是

DocumentRoot "D:/wamp/www/"

改成
```
DocumentRoot "D:/site/"
```
同时将
```
<Directory "D:/wamp/www/">
```
改成
```
<Directory "D:/site/">
```
。

关闭并保存文件，退出 WampServer，再次启动即可生效。（1）退出 WampServer：右键单击系统托盘，选择 exit 即可。（2）在桌面或开始菜单中选择 start WampServer 即可。

4. 双击绿色图标，会出现如图 9-3 所示的服务器管理界面。我们可以清晰地看到第一个便是 Localhost，将自己编写的 test.html 文件放到 WWW 目录后，在浏览器中输入 http://localhost/test.html，即可在浏览器中显示文件内容。

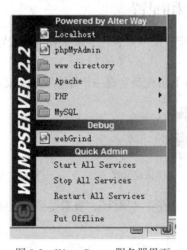

图 9-3　WampServer 服务器界面

9.2.2　访问权限配置

默认情况下，其他机子不能访问 Apache 服务器，如果希望其他主机能访问你的 Apache 服务，要进行如下配置。

（1）单击右下角的 WampServer 绿色图标，在弹出菜单中选择 Apache 选项，进一步选择菜单项 httpd.conf。

（2）在打开的配置文件中寻找<Directory /> </Directory>标签，该标签内部的内容用来设定目录和文件的访问权限，常见的组合解释如下。

① 最常用的是：
```
Order Deny,Allow
Allow from All
```
注意"Deny，Allow"中间只有一个逗号，也只能有一个逗号，有空格会出错；单词的大小写不限。上面设定的含义是"先检查禁止设定，没有禁止的全部允许"，而第二句没有 Deny，也就是没有禁止访问的设定，就是允许所有访问了。这个主要是用来确保或者覆盖上级目录的设置，开放所有内容的访问权。

② 下面的设定是无条件禁止访问：
```
Order Allow,Deny
```

```
Deny from All
```
③ 如果要禁止部分内容的访问，其他的全部开放：
```
Order Deny,Allow
Deny from ip1 ip2
```
或者
```
Order Allow,Deny
Allow from all
Deny from ip1 ip2
```
Apache 会按照 order 决定最后使用哪一条规则，如第二种方式，虽然第二句 allow 允许了所有访问，但由于在 order 中 allow 不是最后规则，因此还需要看有没有 deny 规则，于是到了第三句，符合 ip1 和 ip2 的访问被禁止了。注意，order 决定的"最后"规则非常重要。

（3）告诉别人你的发布 Web 网页的主机 IP 地址，在 Windows 环境下这个 IP 地址可以在命令行中用 ipconfig 获得。

（4）假定你的 IP 地址是 10.20.79.8，在其他主机的浏览器中输入 http://10.20.79.8/test.html，即可访问主机 10.20.79.8 放在 WWW 目录下的 test.html（默认是 80 端口）。

9.3 客户端编程实践

演示编写直接在浏览器中解析的 HTML 页面和嵌入 JavaScript 脚本的 HTML 页面。

9.3.1 个人主页编程实例

编写个人主页，要求包含如下信息。
（1）标题"欢迎访问×××的主页"；
（2）个人简介；
（3）个人经历简介，以有序列表形式显示；
（4）个人最喜欢的 4 本书，以无序列表显示；
（5）个人兴趣简介，以段落文字方式显示，或者以列表显示；
（6）列出 6 门主干课程成绩，以表格形式显示，如表 9-3 所示；

表 9-3　　　　　　　　　　　成绩显示格式

课程名	开课学期	任课教师	分数
高等数学	2012 秋季	张三	90
离散数学	2012 春季	李四	80

（7）个人的朋友主页链接或者学校主页链接；
（8）其他个人想表达的信息。

为了清晰地显示这些信息，我们可以分成 4 个 HTML 页面，分别是 homepage.html，intro.html，hobbies.html，score.html。这些 HTML 页面可以用 Editplus 或者任何一款编辑器编辑都可以，编写好后放在 Web 服务器的 WWW 目录下。

清单 9.1 是 homepage.html 代码。在浏览器中输入"http://localhost/homepage.html"，图 9-4 是它的浏览效果。

清单 9.1　homepage.html
```
<html>
<head><title>欢迎访问曹文的个人主页</title>
</head>
<body>
<center>
<h2>home page</h2>
<body>
<p>
<a href="intro.html"> 个人简介</a>
</p>
<p>
<a href="hobbies.html">兴趣爱好</a>
</p>
<p>
<a href="score.html"> 课程成绩</a>
</p>
</center>
</body>
</html>
```

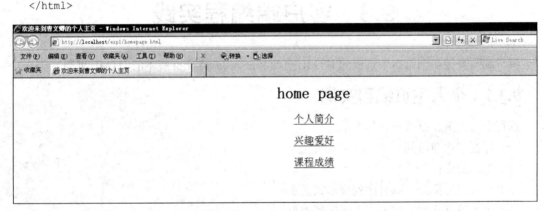

图 9-4　homepage.html 浏览效果

在 homepage.html 中包含 3 个链接，分别指向个人简介（intro.html）、兴趣爱好（hobbies.html）和课程成绩（score.html）3 个不同的页面。通过单击这 3 个链接，可以依次到达 3 个不同的页面（见清单 9.2）。

清单 9.2　intro.html
```
<html>
<head><title>个人简介</title>
</head>
<body>
<center>
<h2>个人简介</h2>
    </center>
基本信息
<ul>
    <li>姓名：曹文</li>
    <li>性别：男</li>
```

```
        <li>毕业学校：南京邮电大学</li>
    </ul>
    基本技能
    <ul>
        <li>英语水平：CET6</li>
        <li>编程技能：熟悉 C/C++，掌握 Java 等</li>
    </ul>
    个人经历
    <ol>
        <li>生于地球</li>
        <li>成长地在中国</li>
        <li>目前在南邮学习</li>
    </ol>
    <a href="homepage.html" target="_blank">返回主页</a>
    </body>
    </html>
```

在 intro.html 中"基本信息"和"基本技能"的内容通过无序列表<ul>进行控制显示，"个人经历"通过有序列表<ol>进行控制显示，其浏览效果如图 9-5 所示。

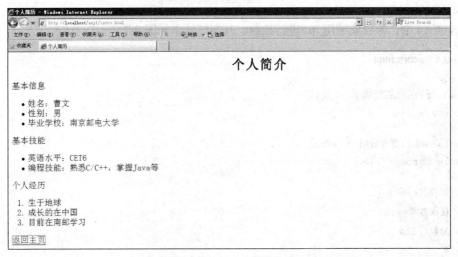

图 9-5　intro.html 浏览效果

清单 9.3　hobbies.html

```
<html>
<head><title>兴趣爱好</title></head>
<body><center><h1>兴趣</h1></center>
<h2>喜欢的书籍：</h2>
<ol>
<li>《了不起的盖茨比》</li>
<li>《1984》</li>
<li>《百年孤独》</li>
<li>《霍乱时期的爱情》</li>
</ol>
<p>
```

我喜欢一些数码产品,喜欢摆弄耳机。最近我喜欢上了一款卡牌游戏:炉石传说。
</p>
<a href="homepage.html" target="_blank">返回主页</a>
</body>
</html>

在清单 9.3 中,喜欢的书籍用有序列表<ol>进行控制,其浏览效果如图 9-6 所示。

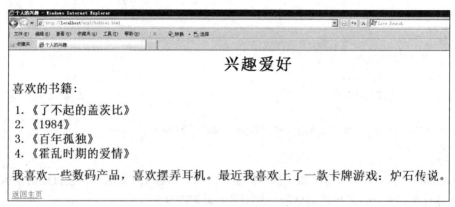

图 9-6　hobbies.html 浏览效果

在清单 9.4 中,课程成绩用<tr>进行控制,其浏览效果如图 9-7 所示。

清单 9.4　score.html

```
<html>
<head><title>课程成绩</title>
</head>
<body>
<center><h1>课程成绩<h1><br>
<table border="1">
<tr>
<th>课程名</th>
<th>任课教师</th>
<th>分数</th>
</tr>
<tr>
<th>高等数学</th>
<td>陈希</td>
<td>85</td>
</tr>
<tr>
<th>离散数学</th>
<td>王海艳</td>
<td>85</td>
</tr>
<tr>
<th>C 语言</th>
<td>Misaya</td>
<td>85</td>
</tr>
</table>
```

```html
<a href="homepage.html" >返回主页</a>
</body>
</html>
```

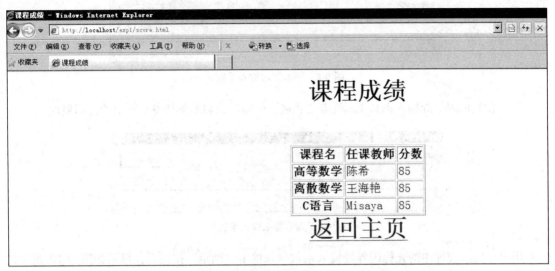

图 9-7　score.html 的浏览效果

9.3.2　计算方程根编程示例

在 HTML 文件中嵌入 javascript 脚本，实现输入 a，b，c 3 个系数，计算方程 $ax^2+bx+c=0$ 的两个根，并在页面上显示结果。包含 JavaScript 脚本的代码如清单 9.5 所示。

清单 9.5　root.html

```html
<html>
<head>
<title> real roots of a quadratic equation </title>
</head>
<body>
   <script type="text/javascript">
      var a=prompt("what is the value of 'a'","");
      var b=prompt("what is the value of 'b'","");
      var c=prompt("what is the value of 'c'","");

      var root_part=Math.sqrt(b*b-4*a*c);
      var denom=2.0*a;
      var root1=(-b+root_part)/denom;
      var root2=(-b-root_part)/denom;
      document.write("the first root is: "+root1,"</br>");
      document.write("the second root is: "+root2,"</br>");
   </script>
</body>
</html>
```

注意在这个程序中用到了提示控件 prompt 让用户输入系数，浏览器默认配置会提示"此网站使用脚本窗口向您索取信息。如果您信任...."，为此必须修改浏览器的安全选项：Internet 选项→安全→internet→自定义级别→脚本→允许网站用脚本窗口提示获得信息。选择"启用"。在这个例子中的 Math.sqrt()是 JavaScript 中内嵌的求平方根的函数。

在浏览器中输入"http://localhost/root.html",浏览器中会出现如图 9-8 所示的提示界面。

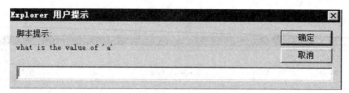

图 9-8　脚本提示输入系数 a

用户在光标闪烁处输入系数 1。单击"确定"按钮后,显示如图 9-9 所示的提示界面。

图 9-9　脚本提示输入系数 b

用户在提示控件中的光标闪烁处输入系数-4。单击"确定"按钮后,显示如图 9-10 所示的提示界面。

图 9-10　脚本提示输入系数 c

用户在提示控件中的光标闪烁处输入系数 3。单击"确定"按钮后,显示如图 9-11 所示的界面。

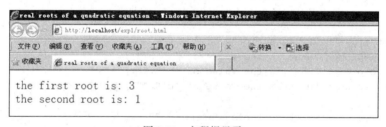

图 9-11　方程根显示

思考和练习题

1. 写出下列程序的输出。
```
<html>
 <head><title>Definition lists</title>
</head>
 <body>
```

```
    <h3> Single-Engine Cessna Airplanes </h3>
    <dl>
        <dt> 152 </dt>
        <dd> Two-place trainer </dd>
        <dt> 172 </dt>
        <dd> Smaller four-place airplane </dd>
    </dl>
</body>
</html>
```

2. 写出下列程序的输出。

```
<script type="text/javascript">
  var nested_array=[[1,3,5],[2,4,6],[7,8,9]];
  for (var row=0; row<=2; row++)
  {
  document.write("Row ", row,": ");
  for (var col=0;col<=2;col++)
  document.write(nested_array[row][col], " ");
  document.write("<br/>");
  }
</script>
```

3. 请用 XHTML 创建满足以下条件的表单。

A　　一个文本框用于收集用户姓名；

B　　一组四个 radio button，每一个定义如下：

```
Four 100-watt  bulbs for $4
Eight 100-watt  bulbs for $5
Four 1000-watt  bulbs for $6
Three 1500-watt  bulbs for $ 7
```

第10章
WAMP 服务器编程实践

学习要点
（1）WAMP 中 PHP 的相关配置
（2）图书售卖系统示例
（3）幂的计算示例

本章先介绍关于 PHP 的 WAMP 配置，然后用两个例子即图书售卖系统和幂的计算，给出 PHP 的具体编程示例。

10.1　WAMP 中 PHP 的相关配置

在第 9 章 WAMP 配置基础上，重点关注 Apache 服务器是否内嵌 PHP 解析器。如果 Windows 界面右下角托盘的 WampServer 图标已经变成绿色，用鼠标单击，跳出如图 10-1 所示菜单界面。

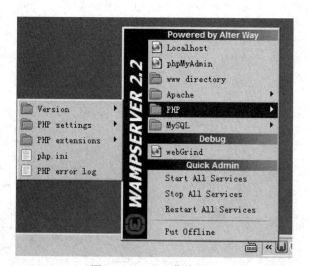

图 10-1　WAMP 菜单界面

可以看到菜单中有 PHP 一项，则表示已经内嵌了 PHP 解析器。

为了测试 Apache 是否可以正常解析 PHP，可以在 WWW 目录下添加一个如清单 10.1 所示的测试文件 test.php。

清单 10.1   test.php

```
<?php
    phpinfo();
?>
```

在浏览器地址栏输入 http://localhost/test.php，看到如图 10-2 所示的信息，则说明 PHP 安装成功。此时 Apache 服务器可以正常处理 PHP 脚本内容。

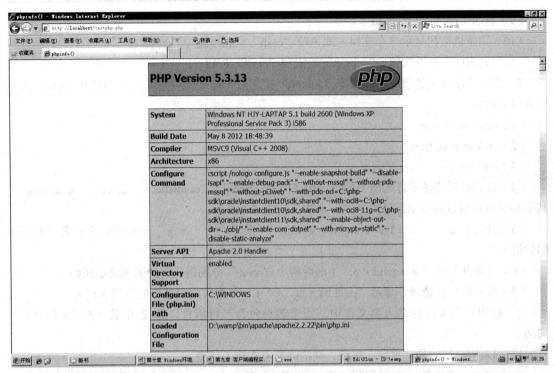

图 10-2   PHP 测试页面

10.2   图书售卖系统示例

设计一个图书售卖系统，包括 1、2、3 和 4 项要求。

1. 设计一个图书售卖界面，显示以下内容

（1）HTML 的标题为 "Welcome to book seller"。

（2）页面内容第一行黑体显示 "You are welcome"。

（3）标签提示 "please input your name"，并创建输入框。

（4）标签提示 "please input your address"，并创建输入框。

（5）标签提示 "please input your zip"，并创建输入框。

（6）黑体显示 "please fill in the quantity field of the following form"。

（7）表格分成四列，分别是 "book"、"publisher"、"price"、"quantity"，其中包含的信息如表 10-1 所示。

（8）quantity 采用输入框输入。

表 10-1　　　　　　　　　　图书样表

book	publisher	price	quantity
Web technology	Springer press	$5.0	
mathematics	ACM press	$6.2	
principle of OS	Science press	$10	
Theory of matrix	High education press	$7.8	

（9）显示"payment method"。

（10）用单选按钮显示三个支付方式选项"cash"，"cheque"，"credit card"。

（11）显示两个标准按钮，"submit"按钮和"reset"按钮。

2. 当用户输入完各项内容并按下"submit"按钮后，通过脚本生成新的 HTML 页面，其中包含以下内容：

（1）customer name

（2）customer address

（3）customer zip

（4）以表格形式显示订购图书信息，包含四列"book"，"publisher"，"price"，"total cost"，其中 total cost 通过脚本动态计算生成，未购买的图书不显示。

（5）计算并显示"××has bought××books"（前后两个"××"分别指代客户名和购买书的数量）。

（6）计算并显示"××paid××"（前后两个"××"分别指代客户名和总金额数）。

（7）根据用户的选择，显示"paid by××"（"××"指代用户选择的支付方式）。

3. 将用户购买信息存入到文件中，每个客户包含三行信息，即 2 中的（5）（6）（7）三句话。

4. 如果用户按的是"重置"按钮，则清除所有的输入信息。

为了完成上述功能，可以编写一个 main.html 和一个 process.php 合作实现预期的功能。main.html 的代码如清单 10.2 所示。

清单 10.2　main.html

```
<html>
<head>
 <title>Welcome to book seller</title>
</head>

<body>
    <form action="process.php" method="post">
        <h2>You are welcome</h2>
        <table>
            <tr>
                <td>please input your name</td>
                <td><input type="text" name="name" size="30"/></td>
            </tr>
            <tr>
                <td>please input your address</td>
                <td><input type="text" name="address" size="30"/></td>
            </tr>
            <tr>
                <td>please input your zip</td>
```

```html
            <td>
                <input type="text" name="zip" size="30"/>
            </td>
        </tr>
</table>
<p />

<p>please fill in the quantify field of the following form</p>
<table border="border">
        <tr>
            <th>book</th>
            <th>publisher</th>
            <th>price</th>
            <th>quantity</th>
        </tr>
        <tr>
            <td>Web technology</td>
            <td>Springer press</td>
            <td>$5.0</td>
            <td><input type="text" name="web_t" size="3"/></td>
        </tr>
        <tr>
            <td>mathematics</td>
            <td>ACM press</td>
            <td>$6.2</td>
            <td>
                <input type="text" name="math" size="3"/>
            </td>
        </tr>
        <tr>
            <td>principle of OS</td>
            <td>Science press</td>
            <td>$10</td>
            <td>
                <input type="text" name="os" size="3"/>
            </td>
        </tr>
        <tr>
            <td>Theory of matrix</td>
            <td>High education press</td>
            <td>$7.8</td>
            <td>
                <input type="text" name="matrix" size="3"/>
            </td>
        </tr>
</table>

<h3>Payment method</h3>
<p>
<input type="radio" name="payment" value="cash" chexked="unchecked"/>
cash <br/>
<input type="radio" name="payment" value="cheque" chexked="unchecked"/>
cheque <br/>
<input type="radio" name="payment" value="credit card" chexked="unchecked"/>
credit card <br/>
```

```
            <input type="submit" value="submit"/>
            <input type="reset" value="reset"/>
        </p>
        </form>
    </body>
</html>
```

process.php 的脚本代码如清单 10.3 所示。

清单 10.3 process.php

```
<html>
<head>
    <title>This is the output of process.php</title>
</head>
<body>
    <?php
        $name=$_POST["name"];
        $address=$_POST["address"];
        $zip=$_POST["zip"];
        $web_t=$_POST["web_t"];
        $math=$_POST["math"];
        $os=$_POST["os"];
        $matrix=$_POST["matrix"];
        $payment=$_POST["payment"];
        if($web_t=="") $web_t=0;
        if($math=="") $math=0;
        if($os=="") $os=0;
        if($matrix=="") $matrix=0;
        $web_t_cost=5.0*$web_t;
        $math_cost=6.2*$math;
        $os_cost=10*$os;
        $matrix_cost=7.8*$matrix;

        $total_num=$web_t+$math+$os+$matrix;
        $total_price=$web_t_cost+$math_cost+$os_cost+$matrix_cost;
    ?>
    <?php
        printf("Your name:$name <br /> your Address:$address<br /> Your zip:$zip<br />")?>
    <p /><p/>
    <table border="border">
        <tr>
            <th>book</th>
            <th>publisher</th>
            <th>quantity</th>
            <th>total cost</th>
        </tr>
    <?php if($web_t!=0) {?>
        <tr>
            <td>Web technology</td>
            <td>Springer press</td>
            <td>
                <?php print($web_t);?>
            </td>
            <td>
```

```
            <?php printf("$ %4.2f",$web_t_cost);?>
        </td>
    </tr>
<?php }?>
<?php if($math!=0) {?>
    <tr>
        <td>mathematics</td>
        <td>ACM press</td>
        <td>
            <?php print($math);?>
        </td>
        <td>
            <?php printf("$ %4.2f",$math_cost);?>
        </td>
    </tr>
<?php }?>
<?php if($os!=0) {?>
    <tr>
        <td>principle of OS</td>
        <td>Science press</td>
        <td><?php print($os);?><?td>
        <td>
            <?php printf("$ %4.2f",$os_cost);?>
        </td>
    </tr>
<?php }?>
<?php if($matrix!=0) {?>
    <tr>
        <td>Theory of matrix</td>
        <td>High education press</td>
        <td><?php print($matrix);?></td>
        <td>
            <?php printf("$ %4.2f",$matrix_cost);?>
        </td>
    </tr>
<?php }?>
</table>
<?php printf("%s has bought %d books<br/>",$name,$total_num)?>
<?php printf("%s paid %.4f <br/>",$name,$total_price)?>
<?php printf("paid by %s<br/>",$payment)?>

<?php
$file=fopen("customer.txt","a");
fwrite($file,"$name has bought $total_num books\r\n");
fwrite($file,"$name paid $total_price\r\n");
fwrite($file,"paid by $payment\r\n");
?>
</body>
</html>
```

main.html 的显示效果如图 10-3 所示。

在图 10-3 的界面进行用户输入，如图 10-4 所示，单击 submit 按钮后，程序将调用 process.php 文件生成如图 10-5 所示的显示界面。

同时，在存放 main.html 和 process.php 的目录下会生成一个新的文件 customer.txt，里面的内容如清单10.4所示。

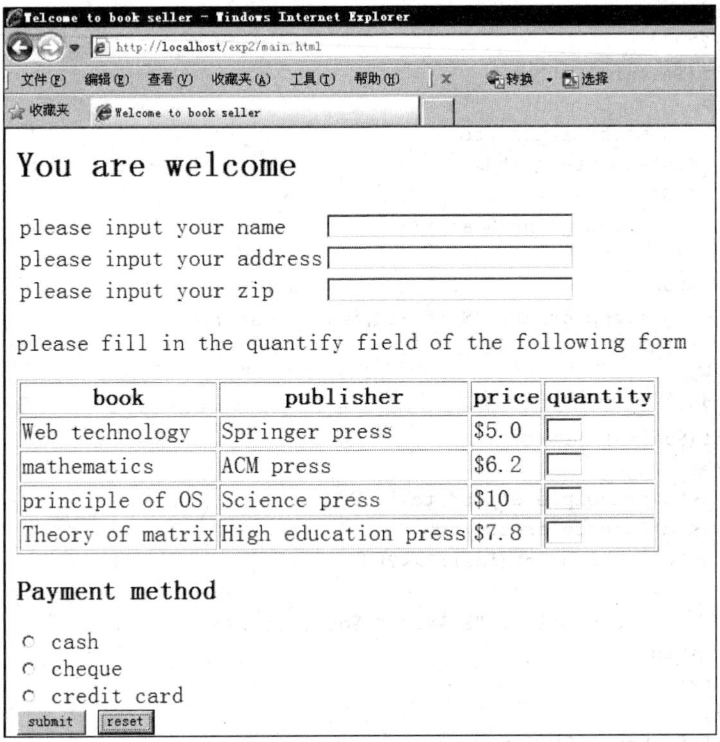

图 10-3　main.html 显示效果

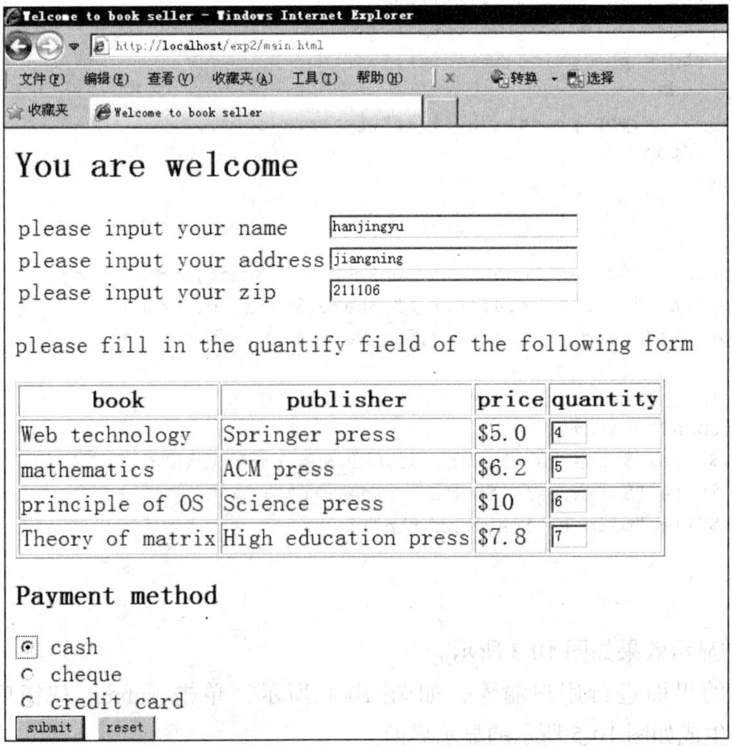

图 10-4　用户输入

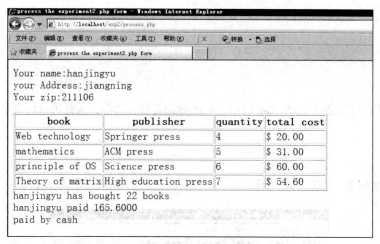

图 10-5　process.php 处理结果

清单 10.4　customer.txt 的内容

```
hanjingyu has bought 22 books
hanjingyu paid 165.6
paid by cash
```

10.3　幂的计算示例

编写程序计算 1 到 10 各个数字的平方根、平方和立方，并以表的形式显示结果。实现该功能的脚本如清单 10.5 所示。

清单 10.5　powers.php

```
<html>
<head>
<title> powers.php
</title>
</head>
<body>
<table>
<caption> Powers table </caption>
<tr>
<th> Number </th>
<th> Square Root </th>
<th> Square </th>
<th> Cube </th>
<th> Quad </th>
</tr>
<?php
for($number = 1; $number <=10; $number++) {
$root = sqrt($number);
$square = pow($number, 2);
$cube = pow($number, 3);
$quad = pow($number, 4);
print("<tr align = 'center'> <td> $number </td>");
print("<td> $root </td> <td> $square </td>");
```

```
print("<td>  $cube  </td>  <td>  $quad  </td>  </tr>");
}
?>
</table>
</body>
</html>
```

最终的结果在浏览器中如图 10-6 所示。可以看到表没有边框，为此可以将清单 10.5 代码中的

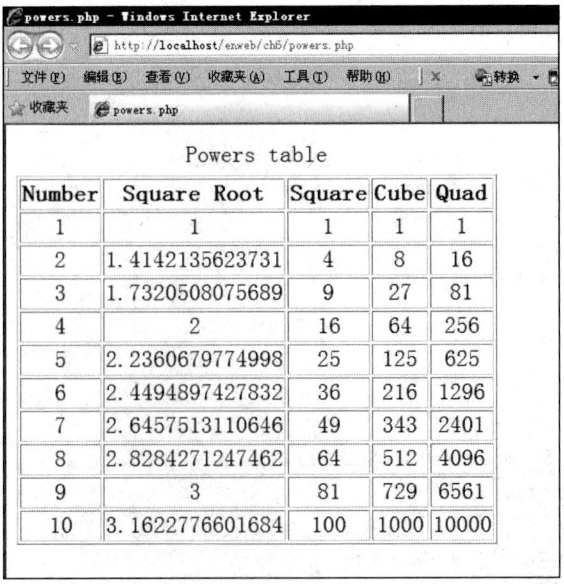

```
<table>
```

改成

```
<table border=border>
```

则显示带框的表，如图 10-7 所示。

Number	Square Root	Square	Cube	Quad
1	1	1	1	1
2	1.4142135623731	4	8	16
3	1.7320508075689	9	27	81
4	2	16	64	256
5	2.2360679774998	25	125	625
6	2.4494897427832	36	216	1296
7	2.6457513110646	49	343	2401
8	2.8284271247462	64	512	4096
9	3	81	729	6561
10	3.1622776601684	100	1000	10000

图 10-6　powers.php 的运行结果

Number	Square Root	Square	Cube	Quad
1	1	1	1	1
2	1.4142135623731	4	8	16
3	1.7320508075689	9	27	81
4	2	16	64	256
5	2.2360679774998	25	125	625
6	2.4494897427832	36	216	1296
7	2.6457513110646	49	343	2401
8	2.8284271247462	64	512	4096
9	3	81	729	6561
10	3.1622776601684	100	1000	10000

图 10-7　表带边框的 powers.php 显示结果

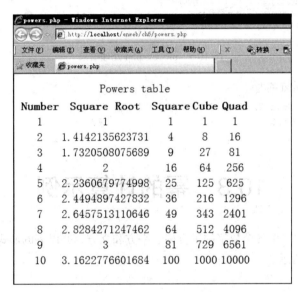

思考和练习题

1. 编写一个 PHP 程序，该程序能够动态生成一个欢迎页面，并显示用户上次访问的时间。如果用户是首次访问的话，欢迎页面显示"您是首次访问"。要求使用 cookie 保存用户访问的时间。

2. 写出下列程序的输出。

```
<html>
<head><title>showing php sorting functions</title></head>
<body>
<?php
$originalArray=array("B"=>8,"A"=>4,"C"=>"GOOD");
?>
<h4>Original Array</h4>
<?php
foreach ($originalArray as $key=>$value) print("[$key]=>$value <br/>");
$new=$originalArray;
sort($new);
?>
<h4>Array sorted with sort</h4>
<?php
foreach ($new as $key=>$value) print("[$key]=>$value <br/>");
$new=$originalArray;
asort($new);
?>
<h4>Array sorted with asort</h4>
<?php
foreach ($new as $key=>$value) print("[$key]=>$value <br/>");
?>
</body>
</html>
```

3. 写出下列程序的输出。

```
<html>
<body>
<?php
$d=date("D");
if ($d=="Fri")
  echo "Have a nice weekend!";
else
  echo "Have a nice day!";
?>
</body>
</html>
```

第 11 章
Web 数据库访问编程实践

学习要点
（1）WAMP 中 MySQL 的安装和配置
（2）PHP 中访问 MySQL 示例
（3）图书售卖系统示例

本章先介绍 WAMP 中 MySQL 的具体配置，然后介绍在 PHP 脚本中访问数据库的关键技术点，最后演示一个利用 MySQL 进行后台数据存储的图书售卖系统编程实例。

11.1 WAMP 中 MySQL 的相关配置

WampServer 包含了一款 MySQL，用户对 MySQL 进行交互式管理有两种方式。一种是通过托盘菜单的 MySQL->MySQL console，如图 11-1 所示，打开一个 DOS 界面。

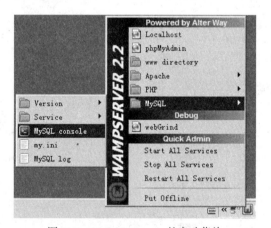

图 11-1　MySQL consule 的启动菜单

DOS 界面提示输入密码，如图 11-2 所示。MySQL 数据库中，有一个内建的 root 账户，类似于 Microsoft SQL Server 的 sa（super administrator）账户，具有操作整个数据库的最高权限。默认 MySQL 的 root 账户密码为空，直接按回车键，进入如图 11-3 所示的界面。

对 MySQL 进行交互式操作的第二种方式，可以通过 WAMPServer 提供的 phpMyAdmin 菜单项（见图 11-4）。最终显示的图形界面如图 11-5 所示，在这个界面上可以完成对数据库的操作。

图 11-2　MySQL DOS 控制台界面

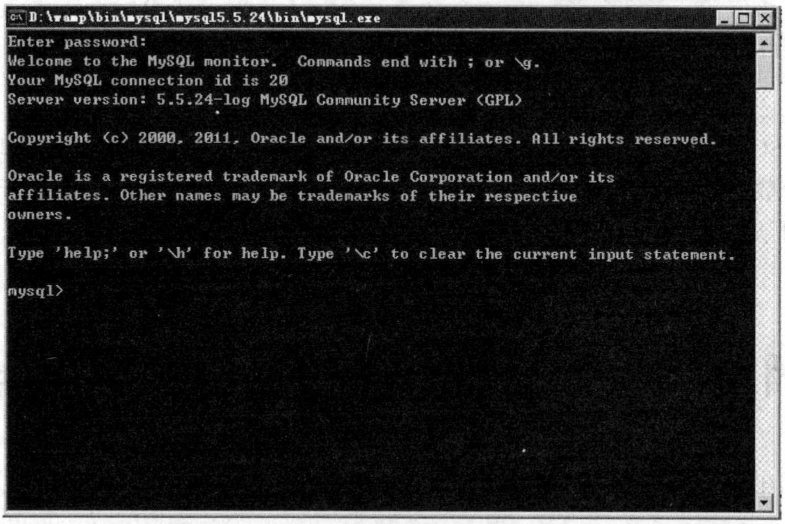

图 11-3　MySQL 界面

图 11-4　phpMyAdmin 菜单项

图 11-5 phpMyAdmin 界面

一个 MySQL 数据服务器上会有多个数据库，如图 11-5 中的 car、car1、hjydb 等都是数据库。一般一个数据库对应一个具体应用，一个数据库会包含若干表、索引等。在 PHP 中任何一个用户都要对某个数据库中的表进行操作。如果没有数据库要先创建数据库，如果没有表要先建立表。

11.2 在 PHP 中访问 MySQL 的要点

下面介绍在 PHP 脚本中访问 MySQL 的代码示例。

11.2.1 数据库和表的创建

清单 11.1 createdb.php

```php
<?php
// create a connection
$con = mysql_connect("localhost","root","");
if (!$con)
  {
  die('Could not connect: ' . mysql_error());
  }

// Create database
if (mysql_query("create database my_db",$con))
  {
  echo "Database created";
  }
else
```

```
    {
    echo "Error creating database: " . mysql_error();
    }
// Create table in my_db database
mysql_select_db("my_db", $con);
$sql = "create table Persons
(
FirstName varchar(15),
LastName varchar(15),
Age int
)";
mysql_query($sql,$con);
mysql_close($con);
?>
```

在清单 11.1 中，首先在本机上创建一个数据库连接$con(用户名是 root，密码为空)，然后通过该连接创建一个数据库 my_db，最后在该数据库中创建一张表 Persons。注意涉及的 SQL 语句是大小写不敏感的。

11.2.2 把表单数据插入数据库

首先，HTML 页面包含一个表单 form，通过表单获得输入数据 firstname，lastname 和 age（见清单 11.2）。

清单 11.2 insertdata.html

```
<html>
<body>
<form action="insert.php" method="post">
Firstname: <input type="text" name="firstname" />
Lastname: <input type="text" name="lastname" />
Age: <input type="text" name="age" />
<input type="submit" />
</form>
</body>
</html>
```

当用户单击 HTML 表单中的 submit 按钮时，表单数据被发送到服务器，服务器调用 insert.php 对数据进行处理。下面是 insert.php 的代码（见清单 11.3）：

清单 11.3 insert.php

```
<?php
$con = mysql_connect("localhost","root","");
if (!$con)
  {
  die('Could not connect: ' . mysql_error());
  }
mysql_select_db("my_db", $con);
$x=$_POST["firstname"];
$y=$_POST["lastname"];
$z=$_POST["age"];
$sql="insert into Persons (FirstName, LastName, Age) values ('$x','$y','$z')";
if (!mysql_query($sql,$con))
  {
```

```
    die('Error: ' . mysql_error());
  }
echo "1 record added";
mysql_close($con)
?>
```

在 insert.php 中，首先连接数据库，并通过$_POST 内建数组从表单取回 firstname，lastname 和 age 的值，然后通过 mysql_query()函数执行 insert into 语句，一条新的记录会添加到数据库表 Persons 中。

11.2.3 从数据库表中选取数据

SELECT 语句用于从数据库中选取数据，清单 11.4 选取存储在 Persons 表中的所有记录（在 SQL 语句中，select *代表字符选取表中的所有数据）。

清单 11.4　selectdata.php

```
<?php
$con = mysql_connect("localhost","root","");
if (!$con)
  {
    die('Could not connect: ' . mysql_error());
  }
mysql_select_db("my_db", $con);
$result = mysql_query("select * from Persons");
while($row = mysql_fetch_array($result))
  {
    echo $row['FirstName'] . " " . $row['LastName'];
    echo "<br />";
  }
mysql_close($con);
?>
```

上面这个例子中，$result 变量中存放由 mysql_query()函数返回的记录集，然后使用 mysql_fetch_array()函数以数组的形式从记录集返回第一行，每次 mysql_fetch_array()函数调用都会返回记录集中的下一行。while 语句会循环记录集中的所有记录。为了输出每行的值，使用了 PHP 的$row 变量($row['FirstName']和$row['LastName'])。

11.2.4 在 HTML 表格中显示表的内容

清单 11.5 选取的数据与清单 11.4 相同，但是将把数据显示在一个 HTML 表格中。

清单 11.5　selectform.php

```
<?php
$con = mysql_connect("localhost","root","");
if (!$con)
  {
  die('Could not connect: ' . mysql_error());
  }
mysql_select_db("my_db", $con);
$result = mysql_query("select * from Persons");
echo "<table border='1'>
<tr>
<th>Firstname</th>
```

```
<th>Lastname</th>
</tr>";
while($row = mysql_fetch_array($result))
  {
  echo "<tr>";
  echo "<td>" . $row['FirstName'] . "</td>";
  echo "<td>" . $row['LastName'] . "</td>";
  echo "</tr>";
  }
echo "</table>";
mysql_close($con);
?>
```

11.2.5 乱码解决方法

如果发现往 MySQL 表中插入的中文是乱码，可以在 mysql_query 前加入下列三句话以纠正默认字符编码（见清单 11.6）。

清单 11.6 处理乱码代码

```
mysql_query("set names utf8");
mysql_query("set character set utf8");
mysql_query("set character_set_results=utf8");
```

11.3 基于 MySQL 的图书售卖系统

1. 显示一个图书售卖界面，主要包括以下内容。

（1）HTML 的标题为 "Welcome to book seller"。
（2）页面内容第一行黑体显示 "You are welcome"。
（3）标签提示 "please input your name"，并创建输入框。
（4）标签提示 "please input your address"，并创建输入框。
（5）标签提示 "please input your zip"，并创建输入框。
（6）黑体显示 "please fill in the quantity field of the following form"。
（7）表格分成四列，分别是 "book"，"publisher"，"price"，"quantity"，其中包含的信息如表 11-1 所示。

表 11-1　　　　　　　　　　　　　　图书样表

book	publisher	price	quantity
Web technology	Springer press	$5.0	
mathematics	ACM press	$6.2	
principle of OS	Science press	$10	
Theory of matrix	High education press	$7.8	

（8）quantity 采用输入框输入。
（9）显示 "payment method"。
（10）用单选按钮显示四个支付方式选项 "cash"，"cheque"，"credit card"。
（11）显示两个标准按钮，"submit" 按钮和 "reset" 按钮。

2. 在按下 sumit 按钮后，完成 3 张数据库表的插入。

（1）客户信息 name、address、zip 存到一个表中（customers）。

（2）图书信息 book、publisher、price 存成一张表（books）。

（3）订单信息存成一个表，包括 name、book、quantity(orders)。

3. 显示一个订单查询界面，主要包括以下内容：

（1）标签提示"please input customer name"，并创建输入框。

（2）显示"submit"按钮，单击后，从数据库中查询 name、book、publisher、quantity，并在 HTML 界面显示查询结果。

首先，在 MySQL 中建一个数据库 myex，在其中创建三张空表 customers，books 和 orders。这既可以用 PHP 通过脚本来实现，也可以通过 WAMP 的 phpMyAdmin 在图形界面创建，现在示例如何通过图形界面创建三张空表。

在如图 11-6 所示的界面的"新建数据库"下方的输入框中输入"myex"，然后单击"创建"按钮。创建完成后，如图 11-7 所示，在左边显示新创建的数据库 myex，单击 myex 图标，出现如图 11-8 所示的界面，在"新建数据表"下方的输入框中输入新建表的名字 customers 和其中包含的字段个数 3。

图 11-6 phpMyAdmin 新建的数据库

在图 11-8 右侧的界面，单击"执行"按钮后，出现如图 11-9 所示的界面。在其中输入三个字段的名称和类型后，单击"保存"按钮，即可完成一个表的创建。用类似方法可以创建另外两张表，不再赘述。

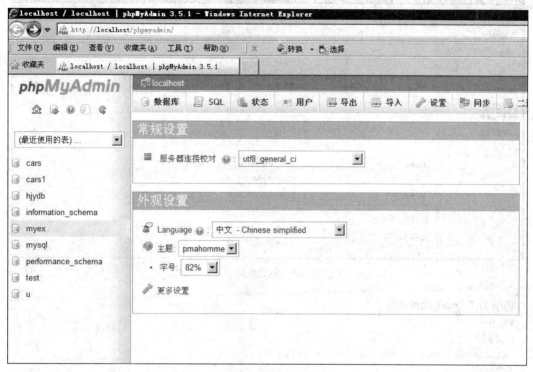

图 11-7　新建的数据库

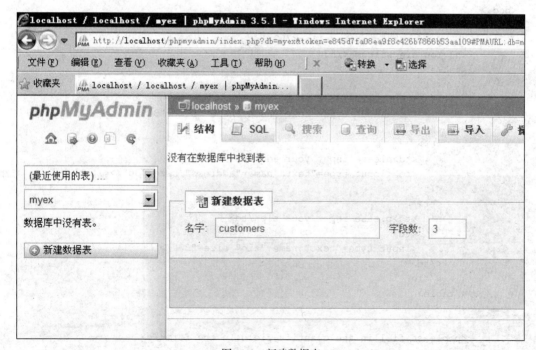

图 11-8　新建数据表

完成数据库和三张表的模式的创建后，即可以编写脚本实现预期功能。其中第 1 项和第 2 项功能可以通过清单 11.7 和清单 11.8 的代码实现。

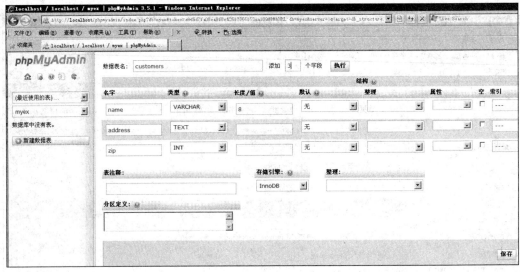

图 11-9　创建表的字段

清单 11.7　main.html 内容

```
<html>
<head>
 <title>Welcome to book seller</title>
</head>

<body>
    <form action="process.php" method="post">
        <h2>Welecome to book seller</h2>
        <h3>You are welcome</h3>
        <table>
           <tr>
               <td>please input your name</td>
               <td><input type="text" name="name" size="30"/></td>
           </tr>
           <tr>
               <td>please input your address</td>
               <td><input type="text" name="address" size="30"/></td>
           </tr>
           <tr>
               <td>please input your zip</td>
               <td>
               <input type="text" name="zip" size="30"/>
           </td>
           </tr>
        </table>
        <p />

        <p>please fill in the quantify field in the form</p>
        <table border="border">
           <tr>
               <th>book</th>
               <th>publisher</th>
               <th>price</th>
               <th>quantity</th>
```

```html
        </tr>
        <tr>
            <td>Web technology</td>
            <td>Springer press</td>
            <td>$5.0</td>
            <td><input type="text" name="web_t" size="3"/></td>
        </tr>
        <tr>
            <td>mathematics</td>
            <td>ACM press</td>
            <td>$6.2</td>
            <td>
                <input type="text" name="math" size="3"/>
            </td>
        </tr>
        <tr>
            <td>principle of OS</td>
            <td>Science press</td>
            <td>$10</td>
            <td>
                <input type="text" name="os" size="3"/>
            </td>
        </tr>
        <tr>
            <td>Theory of matrix</td>
            <td>High education press</td>
            <td>$7.8</td>
            <td>
                <input type="text" name="matrix" size="3"/>
            </td>
        </tr>
    </table>

    <h3>Payment method</h3>
    <p>
    <input type="radio" name="payment" value="cash" checked="unchecked"/>
    cash <br/>
    <input type="radio" name="payment" value="cheque" checked="unchecked"/>
    cheque <br/>
    <input type="radio" name="payment" value="credit card" checked="unchecked"/>
    credit card <br/>
    <input type="submit" value="submit"/>
    <input type="reset" value="reset"/>
    </p>
    </form>
</body>
</html>
```

清单 11.8 process.php 内容

```html
<html>
<head>
    <title>process the order_query.html form</title>
</head>
<body>
```

```php
<?php
  $name=$_POST["name"];
  $address=$_POST["address"];
  $zip=$_POST["zip"];
 $web_t=$_POST["web_t"];
  $math=$_POST["math"];
  $os=$_POST["os"];
  $matrix=$_POST["matrix"];
  $payment=$_POST["payment"];

  if($web_t=="") $web_t=0;
  if($math=="") $math=0;
  if($os=="") $os=0;
  if($matrix=="") $matrix=0;

  $web_t_cost=5.0*$web_t;
  $math_cost=6.2*$math;
  $os_cost=10*$os;
  $matrix_cost=7.8*$matrix;

  $con=mysql_connect("localhost","root","");
  if(!$con)
  {
      die('Could not connect:'.mysql_error());
  }
  mysql_select_db("myex",$con);
  $sql="insert into customers values('$name','$address','$zip')";
  if(!mysql_query($sql,$con))
  {
      die('ERROR:'.mysql_error());
  }

  if($web_t!=0)
  {
      $sql="insert into books values('Web technology', 'Springer press', 5)";
      if(!mysql_query($sql,$con))
        {
            die('ERROR:'.mysql_error());
        }

      $sql="insert into orders values('$name','Web technology',$web_t)";
      if(!mysql_query($sql,$con))
        {
      die('ERROR:'.mysql_error());
        }
  }

  if($math!=0)
  {
      $sql="insert into books values ('mathematics','ACM press',6.2)";
      if(!mysql_query($sql,$con))
        {
            die('ERROR:'.mysql_error());
        }
```

```php
            $sql="insert into orders values ('$name','mathematics',$math)";
            if(!mysql_query($sql,$con))
            {
                die('ERROR:'.mysql_error());
            }
      }

    if($os!=0)
    {
            $sql="insert into books values('principle of OS','Science press',10)";
            if(!mysql_query($sql,$con))
          {
                die('ERROR:'.mysql_error());
          }

            $sql="insert into orders values('$name','principle of OS','$os')";
            if(!mysql_query($sql,$con))
            {
                die('ERROR:'.mysql_error());
            }
      }

     if($matrix!=0)
     {
       $sql="insert into books values('Theory of matrix','High education press',7.8)";
            if(!mysql_query($sql,$con))
            {
                die('ERROR:'.mysql_error());
            }

            $sql="insert into orders values('$name','Theory of matrix','$matrix')";
            if(!mysql_query($sql,$con))
            {
                die('ERROR:'.mysql_error());
            }
      }
            echo'END';
    ?>
</body>
```

第 3 项和第 4 项功能可以通过清单 11.9 和清单 11.10 的代码实现。

清单 11.9 order_query.html

```html
<html>
<head>
 <title>order_query.html</title>
</head>

<body>
    <form action="process_query.php" method="post" align="middle">
    <label>please input customer name</label>
    </br>
    <input type="text" name="user_name" />
    <br/>
    <input type="submit" value="submit"/>
    </form>
</body>
```

清单 11.10 process_query.php

```php
<html>
<head>
    <title>process_query.php form</title>
</head>
<body>
<?php
    $user_name=$_POST["user_name"];
    $con=mysql_connect("localhost","root","");
    if(!$con)
    {
        die('Could not connect:'.my_sqlerror());
    }
    mysql_select_db('myex',$con);

    $result=mysql_query("Select name,book,publisher,quantity
    from ordders,books where orders.book=books.book and name='$user_name'");

    echo"<table border='1'>
    <tr>
    <th>name</th>
    <th>book</th>
    <th>publisher</th>
    <th>quantity</th>
    </tr>";
    while($row=mysql_fetch_array($result))
    {
        echo"<tr>";
        echo"<td>".$row['name']."</td>";
        echo"<td>".$row['book']."</td>";
        echo"<td>".$row['publisher']."</td>";
        echo"<td>".$row['quantity']."</td>";
        echo"</tr>";
    }

    echo"</table>";
    mysql_close($con);
?>
</body>
</html>
```

在以上代码中，用 mysql_query()函数访问数据表前，首先必须用函数 mysql_select_db()确定访问的数据库。

思考和练习题

1. 假设服务器端的 MySQL 数据库服务器中有一个名为 membership 的数据库，membership 数据库中有一张名为 users 的表，users 表的结构为（id, name, gender）。请编写一个 PHP 程序，将 users 表的数据全部检索出来，并返回给用户看。

2. 将图书售卖系统例子中三张数据表 customers，books，orders 的创建用 PHP 脚本实现。

参考文献

[1] 潘凯华,刘中华. PHP 从入门到精通(第二版). 北京:清华大学出版社,2010.7.

[2] Larry Ullman. 深入理解 PHP:高级技巧、面向对象与核心技术(原书第 3 版). 北京:机械工业出版社,2014.

[3] 曾俊国等. PHP Web 开发实用教程. 北京:清华大学出版社,2011-09-01.

[4] 刘西杰,柳林. HTML、CSS、JavaScript 网页制作从入门到精通. 北京:人民邮电出版社,2012.

[5] 唐俊,江文,崔玉礼. PHP+MySQL 网站开发技术(项目式). 北京:人民邮电出版社,2013.

[6] 王成良,祝伟华,柳玲,吴映波,徐玲. Web 开发技术(第 2 版). 北京:清华大学出版社,2007.

[7] W.Bruce Croft, Donald Metzler, Trevor Strohman. Search Engines: information retrieval in practice. Publiser of Addison Weeley,2009.